一邊當夥計 一邊當老闆

老侯的 日本電商創業物語與職場雜談

老侯——著

推薦序　從「腳踏兩條船」展開新創事業　鄭匡宇　5

自　序　正職之外，創業當老闆　7

電商創業物語

日本職場雜談

推薦序

從「腳踏兩條船」展開新創事業

知名作家

乍看《一邊當夥計，一邊當老闆：老侯的日本電商創業物語與職場雜談》這個書名，很容易先入為主地認為這僅僅是一本關於台灣人在日本創業的書……

但我錯了。

這是一本讓你理解日本職場文化、生活百態，以及台灣與中國大陸和日本三地錯綜複雜關係的好書！作者老侯用充滿思想深度、幽默風趣同時旁徵博引的文字，讓讀者能透過他的創業故事與感想，同時在工作、學習、創業與自我實現等幾個面向，以最有效率的方式獲得提升。

我尤其驚訝地發現，老侯與我，竟有如此諸多相似之處：我們的父親，都是一九四九年隨著蔣介石政府來台灣的老兵；家裡都沒有多餘的閒錢能供我們出國，但我們各自很爭氣地考上公費，他考上的是日本交流協會提供的獎學金，我拿到的則是教育部每年舉辦號稱含金量最高的公費留學獎學金；父母輩那種自己歷經戰亂，只求安穩，期望孩子「能當上大學教授、公務員或大企業員工最好」的心態如影隨形，但我們內心其實都有「叛逆」的種子，於是最後都選擇了創業，而且在創業的初期，都「腳踏兩條船」，他一邊創業一邊靠著原本擔任企管顧問的薪水金援自己的新創公司，我則是讓大學的工作先充當「黃金降落傘」，等新事業漸有起色後才義無反顧破釜沉舟……

這些相似的經歷，讓我在閱讀老侯的創業故事時，不僅常常點頭如搗蒜、拍案叫絕，還時常低頭沉思，回想起過去在美國、韓國讀書、創業和工作的種種。

不管你是想多了解日本的職場文化，還是想習得創業的心法、成功的祕訣，這都是一本值得你立刻入手，仔細研讀的好書，它能讓你在探索自己的方向時，更加有勇有謀、不憂不懼。我衷心希望未來還有機會再向讀者多多介紹像老侯這樣的台灣人，在全球各地創業成功，讓台灣年輕人知道，我們一點都不差，我們也能立足世界！

自序

正職之外，創業當老闆

自從前作付梓以來，倏忽一年有餘，赴日工作也邁入第六個年頭。這兩年來，身分起了一點變化，在正職之外，於大阪投資設立了一家公司，身兼起「取締役（董事長）」。

根據統計，台灣光是二〇一五年，即增加中小企業三萬家，等於三個步兵師的台灣老闆投身創業的行列。台灣人熱衷創業，我由夥計變老闆，忝居其間，本身並無可奇之處。

話雖如此，幾個背景因素，讓我再次不揣鄙陋、現身說法，與讀者分享。我本是一個安於現狀的上班族，朝九晚五的日子已過了二十年，不是不知「創業維艱」的道理，若非機緣巧合，斷無捨安逸而涉險地的想法。此心理轉變為何，值得一提，此原因之一也；我人在日本，如何突破文化障礙，立足海外，也值得供後進者參考，此原因之二也。這兩個因素，使我能賡續新作，對讀者有個交代。

前作的催生者老鄭，務請我再接再厲，完成新作。在其熱心安排下，總算讓我於一鼓作氣後，不致後繼乏力。否則，我將只在臉書上做些駁雜無稽之談，寫些遊心駭耳之事，「作者」身分，早忘卻於九霄雲外矣。

本書一如既往，諧趣為基調，知識為骨幹，禿筆不妨為世忌，拙文最喜使人驚，務必使讀者有所收穫，樂山樂水，皆能得其所哉。

是為序。

老侯　二〇一七年六月　東京寓所

電商創業

物語

序章

公司業績不斷增長，反映在曲線圖上，就是一個向右攀升的折線。日文稱此為「右肩上がり」。反之，則是「右肩下がり」。

我在日本的公司開張至今，是「右肩上がり」還是「右肩下がり」？託各位看官之福，是「右肩上がり」。但您要是知道我剛開始時，頭一個月業績僅區區五萬日幣，起始點如此，根本是個退無可退的成績，則「右肩上がり」也實在稱不上是甚麼傲人的成果，就彷彿站在起跑點的人，總算衝刺出來一樣，無非就是跑得順了，不意味著跑出了冠軍。

但這已足以養活公司幾名員工及我個人的溫飽。回首過去，根本無法想像我之前做了二十年上班族。

說起來，這得感謝日本老友關先生的臨門一腳。

當初，有意與關先生投資日本網上購物，由中國工廠供應，在日本販售。我出資十多萬台幣，全賠了，就是十多萬買個人生經驗……。我猶豫甚麼？左思右想，我還真不是可惜這十多萬。

我的家中無人從商，按照我父母對我的期許，我的人生路，上焉者就是做個教書匠，其次就是做個公司職員。「從商」從來不是選項，這偏離人生「常軌」太遠太遠，且西出陽關無故人，沒人可以拉我一把。

說穿了，就是對未知世界的恐懼。做個大公司的上班族，風險近乎零，日子安逸自不待言，後來成為一個「自由工作者」（freelance），承擔的風險也不超過自己職掌範圍。一旦成了「公司負責人」，甚至做到「待臣而舉火者三百餘人（有三百張嘴等我養）」，風險就是幾百、幾千倍地加大。裹足不前，良有以也。

這種對於未知世界的恐懼，再加上年齡因素，更有「增幅」的效果。這可不是我一個人獨有的心理。有一次，與一個老友在大阪重聚，老友知道我在日本還有意「東山再起」時，勸我收心。

「你二十多歲也就算了。你現在幹甚麼？年紀不小了，享清福夠了，還想在事業上做出個第二春？別鬧了！」老友啤酒直喝，一口一個地勸我。

是呀，和我同世代的人，或者獨當一面，或者退休在家，人生美好的仗都打完了，只有我還作著「從零開始」的夢。

老友說的也是經驗談。說實在，再大的雄心壯志，這種「人生道理」一聽，也變得如槁木死灰。

第二天，我找了關先生談。

「關桑，對不起，創業這事情，風險太大。我看，我們還是從長計議好了。」我為難地說著。

關先生看著我，搖搖頭，半晌，總算迸出了一句：「侯桑，怎麼了？」

「對不起，不單是為了我，也為了您。您有家要養，我……」

「侯桑，這是我們唯一能獲勝的機會。你利用你的優勢，我利用我的優勢，如果還闖不出一番成績，我們日後做甚麼都別指望了！」關先生看著猶疑不決的我，如此堅定地說著。

「唯一能獲勝的機會」，他說的沒錯。當初我來日本，看準日本企業需要一個「能協助對華人圈溝通的人材」。如今，我幾年闖蕩，把日本企業那套作法也摸透了，正式涉足中日貿易網購，這不正是我唯一能翻身的機會？

「我反正要幹了。你加不加入，我都要幹。」關先生說。

我仔細玩味著這個「唯一機會」。我想起了當年，我有過一次抓緊「唯一機會」翻身的經驗。

高中入學考試，我考進台北市建中、附中、成功之外的「第四志願」公立高中，以當年的標準而言，進入這樣的學校，三年後能否考上大學，是在虛無飄渺間。父母總認為我「考壞了」，我總認為我「考好了」。我沒努力，自己心知肚明。

高一高二我仍在渾渾噩噩，升高三前，我突然醒過來：且不論我將來上不上得了大學，但人生至今，從沒有努力爭取過甚麼，這能不說是個遺憾嗎？於是，我一整個暑假，近乎杜門屏跡，只專心書堆。我清楚認識到：這是我的「唯一機會」，考不好，證明我不是個念書的料，將來就只有另作打算。兩個月的苦讀，就在第一次全校模擬考試大顯身手，我考了全校十三名。平日於班上都只在十多名打轉的「猴子」，居然考出了這樣的成績，這自然讓周遭同學刮目相看。抓到讀書的訣竅之後，我愈考愈順，最後甚至考出了全校第一。

日後，我的大學入學成績，落在全國三百多名，能進入包括台灣最高學府的所有學校。這算是人生第一次「努力有成」。

但那已經是幾十年前的事情了。我日後的道路一路順遂，做個上班族，幾乎沒遇過太大挫折。人生戰場上再沒有「逆轉勝」的精彩演出。關先生等於在逼著我再次披掛上陣。

「好，關桑，我明天就把錢領出來，我們明天就準備公司登記！」

我說著，真正西出陽關無故人，再不回頭了。

老同學來訪

就在我內心拿定主意，脫離上班族，決心在日本闖出一番事業時，一個高中同學，W，出差來了大阪。

我離開台灣已久，同學的聚會，我一一錯過，甚至連婚喪場合也無法親臨。這次，難得W來找我，屈指一算，自高中畢業以來，居然是二十多年未見了。台灣雖小，只要機緣不巧，「動如參商」依舊是時時上演的人生劇。更何況這幾年來，不少台灣人早已就食四方，台灣人在台灣聚不成，反而在海外有著較多碰面機會。

我找到了W下榻的飯店，同學倆在大廳見到，一眼即認出，拍肩握手，熱絡不減當年。

我們走到附近一家居酒屋，店員帶位，兩人坐定。我問清W吃飯有無忌口，隨即用日語向店員點菜，才說到一半，發現店員中國口音，索性改成中國話，看得一旁W目瞪口呆。

「常有的事情，在日本打工的經常是老鄉，呵呵。」我解釋道。W也笑了。點完了菜，店員才轉身，W劈頭便這麼問我：「猴子，你他媽怎麼保養的？一根白髮都沒有！」語氣不無調侃。

「唉呀，努力不夠，少了點歲月痕跡嘛！」我嘻嘻哈哈地回覆道。

二十多年未見，話題如自來水般，源源不斷地自話匣子湧出。

我們談起了其他老同學這些年的際遇。當年的「大學聯考」不似現在，「大學窄門」一說，依舊是真實的存在，「窄門」過得去、過不去，足以把高中同學截成幾半，我慶幸自己念的不是升學名校，班上各色人種都有，多少反映了社會實態。有的同學幾次重考未果，索性自己創業，作得有聲有色；有的同學法律系畢業後，律師執照十年不曾考取，很是失意；一個在班上不怎麼起眼的同學，如今是某家外資公司的總經理；一個以數學見長的同學，如今成了投資顧問……。

我以為，人過四十，驗收的是事業；過了八十，驗收的是人生。但光是看著老同學們在踏出校門後的起起伏伏，人生無常，思過半矣。

那個曾在班上與我打過一架的C呢？我突然想起他，隨口問了W。我與C當年打架，是他無理；但按照他的立場，必然也是我無理。錯都在對方，也算是我倆的「共識」。只是畢了業後，各奔東西，不知C現在如何了。

「你不知道？他死了！肝癌病死的。」W嘆口氣道。

我吃了一驚。W接著說，C沒考上大學，重考後總算考取。大學畢業後，進了一家銀行，很是努力，經常工作到半夜三更。大概就是因此身體拖垮了。

說起來，我們這個世代，算是收割了台灣經濟成長的果實，後來又搭上兩岸開啟交流的初期列車。那時，只要肯努力，再加上機運，四十歲以前大多能占到好的位子。在班上表現平平的同學，出了社會靠著努力一飛衝天，不是甚麼稀奇的事。

但C要努力到拿命去搏？這犯不著吧。我回想了一下，C在校內是短跑健將，四百米操場總要一氣呵成跑完。此公跑步不為競賽，純粹是磨練，我見他每晨以拚命三郎的模樣跑完全場，佩服之心或有，但仍不免狐疑。長跑選手早夭的不少，這種拿身體健康作代價的磨練方式，可有必要？如今知道他「拚死了」，當年狐疑，如今解惑，老同學人生已然謝幕。

人的性格裡，總是帶著致命的彎，自生至死繞不過！聽完了C的遭遇，我不禁在內心悲嘆。

「說了這麼多，倒是猴子，你很讓我吃驚。」W打量了我一下，單刀直入地開啟了另一個話題。

「我？怎麼了？」我知道他遲早要談「我」，只是沒想到來得這麼直接。

「你呀……我們都公認，班上同學中，你的腦子最靈活，呵呵。反而你進了社會，安分做個上班族，無災無難地過日子了？」

同學這番話，說得我招架不住。唉，在網上寫點八面玲瓏的東西，無非就是「行行出狀元」、「各個職業崗位都有其重要貢獻」，上班族怎麼了？「吃人頭路」怎麼了？不也是賺正當的錢、過著心安理得的日子嗎？

但換到私下，在一個從少年時期就和我玩在一起的老同學面前，說說自己這二十多年的人生，這固然不是義務，起碼也是個交代。

我想到了我父親。他給我影響太大了。他成長於戰亂，又是隻身自大陸來台，對於那一代中國人而言，能找到一塊沒戰亂、能落腳的所在，是個多麼奢侈的事情。他傳授給我的人生智慧，就是「安穩」。上焉者作老師，傳道授業，實現他心中的儒家理想；再不濟，就是在一家有規模的公司好好地待著。闖出個甚麼、或開創個甚麼，不在他對我的期望中。我離不開他為我規畫的、方圓區區五十米的人生範圍。

我沒法對老同學如此坦白。人生路理應自己發掘，同學早就斷了奶，個個敢闖敢拚，偏偏我把自己的人生推給了前人，說穿了，無非是自己思考停頓，離不開「舒適圈」罷了。

我胡亂說了些不著邊際的內容，雖然是當上班族，我也是走南闖北，光說這些，就足以說到「不知東方之既白」。

我和W聊到居酒屋打烊。我盡地主之誼，掏錢結帳，隨即走出店外。W下榻的飯店，就在眼前，相隔幾步路。W打了個呵欠，謝謝我的招待。

「對了，我拜讀了你在網上的一些文章，呵呵……。」W似是想起甚麼，接著說：「你其實還是那個古靈精怪的猴子嘛！」

我對著他，慚愧得傻笑。

唉，逼我上梁山的人，真是接二連三呀！

舉步維艱的開端

一個夢想要落實，就要有計畫。開公司的夢想到了要落實的階段，開業計畫得先出來。

與關先生談好了。這家新公司，我投資略多，關於公司的開業計畫，就由我擬定。畢竟在日本人面前，我也想表現一下「台灣人擬計畫不比你們差」。平日不曾接觸的「新日文」，這下也有機會熟悉了。

日本開公司，分「合同會社」與「株式會社」兩種。前者適合家族經營，我與關先生的關係，自然就適合第二種：「株式會社」。考慮到公司未來的成長，「株式會社」也較能取得社會信賴。

我持股最多，日文稱為「筆頭株主」。名稱用中文念，實在拗口，但這頭銜由不得我不當。至於公司登記，日本有代辦業者，好過我一個衙門一個衙門跑。

接下來，就是擬定正式的開業計畫。擬計畫我最會。或者該說，我們這群做「資訊管理顧問」的人，騰一份漂亮計畫是基本功。提綱挈領，計算各階段所需時間、資源以及應做出的成果，這類專案計畫表，在一次又一次的專案中，早已磨練得駕輕就熟。

但如今是為自己要開的公司擬計畫，算錯任何一步，輕則延誤時機，重則預算超支，吃苦頭的都是自己。我與關先生來回磋商多次，總算擬出個雛形。沙盤推演下，竟發現「人員招募」與「選定供應商」是兩大難題。

「資本額三百萬日圓，又近乎無名，在日本到哪去招募新員工？」我坐在咖啡廳裡，迷茫地看著關先生。

日本不似台灣。台灣多的是中小企業，在中小企業上班的人比比皆是。日本人的身分地位，多半與所任職企業的大小成等比。無業的人無地位，自不待言；

但在無名小公司任職的人，也同樣難過。不好找租屋，不好辦貸款，說明白點，就是社會地位不高。一家無名的「會社」，做不了社員的後盾。新人願意來新公司，圖的僅僅是每個月的那點固定薪水，除此之外，甚麼也別想指望。在人力市場上，同樣是付薪資，我們比起有名氣的大公司，何來魅力可言？

日本厚生勞動省公布過這麼一個讓我們這種小業主洩氣的消息：「社員數不滿三十名的小公司，新社員的離職率高達五一・五％。此數字十年內未見改善跡象。社員數一千名以上大公司，離職率僅二二・八％。相差達兩倍以上。」

一家網購公司，最起碼，得有網頁設計人才，得有客服人才。沒這些人，就別想開張。

至於供應商，更是決定公司死活的關鍵。我自行上網找來了一份供應商清單。供應商全在中國大陸，我只需與這些廠家聯絡，告知所需的商品種類、數量、金額及交貨時間，一切搞定。這麼簡單的事情，哪知竟是挫折的連番上演。

原因就在於我們初期所訂的數量。創業伊始，誰也不敢冒險將商品銷售目標訂得太高。我與關夫婦商量的結果，由關太太親手擬定一個初期試賣的數量：各種女裝，一套十五件。

這是標準的「摸著石子過河」的訂單量，每一種都「訂訂看」，再由試賣結果，選中消費者歡迎的款式，加大訂單，穩紮穩打。關太太在時裝業界待過，對流行脈動的掌握，自然好過我們這些大男人。商品設計與選擇，就交給她。定價設在「中等」，品質比照「高端」。但壞就壞在這裡了：我們當中，無一人有與供應商打交道的經驗。關太太過去最多也僅僅做過客服，沒有與上游廠商洽商的經驗。眾人盲人瞎馬，讓我一人碰足了一鼻子灰。

供應商多數集中在東莞、深圳與浙江。我撥了第一通電話，是位在杭州近郊的一家成衣廠。

先打招呼：「您好，您是○○公司的○○先生？」

「你誰呀?」

對方似乎不甚歡迎所有來電,開頭氣勢就是拒人千里之外。我耐著性子道:

「我是日本的一家服裝公司負責人,敝姓侯……。」

「你先說你要幹甚麼吧!」

在日本,人們好聲好氣慣了,讓我一下子回頭再適應大陸廠商充滿戒心的口吻,還真有些不習慣。

「是這樣的,我知道您在經營成衣廠,想和您談談合作的計畫。」

「你是甚麼樣的公司?」

「我是預計要在日本開網購公司……。」

「網購?那量不會很大囉?」

這下可好。怪不得人家沒好氣了,原來網購公司會訂甚麼量,他早看穿了。和氣生財,固然放諸四海皆準,但也得看對方。公司名不見經傳、訂單又是杯水車薪，他哪有那閒工夫與你磨？

我愣了一下，半晌過後，不好意思地開口道：「是的，初期量是不大，但只要賣得好，我們肯定會再追加，您放心……」

對方掛上電話了。

這類的電話，從浙江的廠商接洽到廣東的廠商，結果大致如此。東南半壁江山，竟讓我無處問津。我這下知道了：訂單量少，是不可踰越的銅牆鐵壁。買一卷布料，起碼也得日幣五十萬，一件衣服的用料，不可能只採一種，屈指一算，起工的初始成本就足以把我們這點初期資本額全部耗盡。我的「開業計畫」擬定得再漂亮，看來也只是畫餅充飢了。

「関ちゃん、こんなにお金のかかる業界だと聞いてないよ！冗談じゃない（老關，我怎麼不知道這業界要這麼花錢？開甚麼玩笑）！」我是真慌了，那天在咖啡廳約見關先生，對著他開口便是抱怨。錢還沒投進去，公司也還沒登記，現在鳴鼓收兵，還來得及。

關先生語帶愧疚地說：「對不起，我老婆也沒接觸過這一塊，我也沒聽說。」

「那怎麼辦？收手別幹了？」我喪氣地道。銅牆鐵壁越不過，自然只有收手一途。反正我還繼續在日本做我的顧問，餓不死人。

關先生想了一下，道：「不如這樣，我老婆現在任職的公司，有固定接洽的中國廠商。我幫你問問看。」

「我全問了，人家的反應我都會背了。反正不論我說啥，最終必然是『你誰呀？找別人吧』。」

我覺得我有義務「開導」關先生了。老闆夢不是人人可作的，我們倆就是夥計命……。

「你給我五分鐘，我打個電話給我老婆。」關先生道，隨即拿起手機打給他正在上班的太太。關先生的太太即是在服飾公司上班。關先生對服飾領域情有獨鍾，來源即此。我雖然不抱希望，但一個禮拜的電話都打了，不差這五分鐘。關先生一旁說著電話，我則是漫無頭緒一邊喝著咖啡，一邊把玩著手機。

半晌，關先生說完了，遞給我一張小紙片，紙片有著剛剛抄下的電話。

「這家在深圳的公司，與我太太的公司長期往來。據說很有彈性，品質也不錯。你可以試著聯絡看看。就當是最後的機會了。不行，那就算我們真的沒老闆命。」

我接過紙片，上面寫著「深セン、Sさん。186〇〇〇〇〇〇〇〇」。「深セン」即是「深圳」。日文漢字沒「圳」字，日本人要寫，多半以假名拼音「セン」來表示。

聯絡看看無妨，之前我打電話，關先生不在場，不知我鼻青臉腫到了甚麼程度。在他面前打電話，順便讓他知道這事情「不是中國話說得通就行」。

對方電話響了。證明這不是空號。我繼續等，等到對方傳來一聲「喂」。

「您好，我是從日本打來的，敝姓侯。」我開門見山道，台詞早已滾瓜爛熟。

「喔，你說你有甚麼事吧！」

大陸廠家似乎人人都急，都愛催著對方「有屁快放」。

「是這樣的，聽說貴公司製作的女裝成衣，品質不錯，也銷到日本。我有意在日本創業，銷售貴公司的成衣，不知能否……。」

對方沉默了半晌。我抱著一絲希望，等著他的正面回應。

「這樣，我兩個禮拜後剛好要去大阪。我們到時見面談？」對方回覆了。這是我這週以來聽到唯一「有點希望」的回覆。

我喜出望外，與他約好兩週後見面，隨即掛上電話。

「どう（怎麼樣）？」關先生問道。

「怎麼樣？你還敢問！我早就跟你說不行了。你瞧，人家狠狠笑了我一頓，還掛我電話！」

「這樣呀……。」關先生難掩失望地說。

「掛我電話前，撂下狠話，說要衝來大阪見我！」

「我……去你的！」

初遇S先生

知道S先生將來大阪，我又開始燃起一絲希望。他是供應商，我是他客戶，但力量完全不對等。側面得知，他還接過國際大廠的單子，對我這個初出茅廬的「素人客戶」，他願意見我已是萬幸。

要談，不能毫無準備。不能再拿我那「一套衣服十五件」的條件來談，這不是甚麼吸引人的條件，多談不如少談。

我精心寫了一個企劃案，描繪了我的願景及打算。我在日本掌握流行脈動，他在深圳維持生產品質。我的公司在日本站穩腳跟，徐圖進展，加上我們語言相通，必然能合作無間，在日本攻城掠地，云云。

流行服飾業界涉及了纖維製造業、布料製造業、染整業、設計、成衣業……。

在日本這樣的工業發達國家，很多都已經外移到中國大陸或東南亞。我有一次花了好大工夫，總算找了一件「Made in Japan」的毛衣，仔細一看，始知纖維產自義大利。純粹的日製成衣，恐怕在日本市場羅掘俱窮，也找不到一件。

放眼天下，目前具備百分之百本地製造能力，又能彈性應對的，大概僅中國大陸廠商了。我還不認識S先生，不知其有無鴻圖大展的野心，但無論如何，要向上整合，還是同業整併，他比我知道怎麼做。我的「願景」，自然只有開拓海外（日本）市場可談。我只需證明自己能扮演好在日本通路商的角色，這就足夠。

按照日本業界的統計資料，一般成衣單價中，真正屬於製造成本的，僅占二十～二十七%，其他全讓通路商賺了。聽似暴利，其實不然。一套衣服，設計不合消費者胃口，就會面臨整批銷不出去的風險。合了今年的胃口，不保證合明年的胃口；合了春天的胃口，不保證合秋天的胃口。原本認定是熱銷的冬衣，突然來個暖冬，結果就是全軍覆沒。利潤有多大，意味著風險有多高。我要說服S

先生：我既然在日本，就會藉地利之便，掌握最新流行趨勢，承擔下這個風險。君為其易，我為其難。這是我企劃案訴求的重心了。

企劃案做成簡報檔，配上趨勢圖，頗有那麼回事。就等到時見到S先生，發揮我遊說的功力了。

與此同時，關先生開始物色辦公地點。只要肯找，大阪多的是便宜的辦公室。有一棟位在心齋橋市中心附近、四十年以上建築物的辦公室，不動產業者打出「大通り沿いでは希少なスペースの物件です。起業される方や1人から2人程でお仕事されるお客様にはオススメです（靠通衢大道之稀有物件，適合一到二人創業辦公之用）」的宣傳字句。我與關先生親自跑去看了。

寫在公開資料上的，大致符合實情，不動產業者沒騙人：五坪多一點（不到十八平方米），靠著交通便利的大馬路，建築物偏舊，辦公室偏小。但沒寫在公開資料上的，才是嚇人的：電梯狹窄，緊挨著鄰棟建築物，白天幾乎見不到光。

茶水間沒熱水，化妝間沒坐式馬桶，方便時僅能蹲著，處處散發著「昭和」時代（上世紀九〇年代以前）的味道，讓人發思古之幽情。

「這……真的是苦其心志，鍛鍊我們創業毅力的地方呀。」我對著關先生苦笑道。

「地點好，租金又便宜，找不到更好的了！」關先生道。

創業維艱，大家都知道。但艱難到連上廁所都得蹲著，正應驗了那句話：蹲得低，才能跳得高。地點，就這麼定了。

有了地點，我們開始填寫公司登記所要的表格。內容填好後，請了代辦業者申請公司登記。我既然要和人談生意，總不能連個公司影子都沒有。登記之後，公司有了雛形，我也有了「名分」。

二〇一五年四月，我拿到了大阪法務局「公證役場」所發行的證書，證明了我在日本開了一家公司，我成了最大股東，關先生是二號股東。公司設在日本，由日本人經營較為合適。關太太對於服飾設計也有一套，就這樣跟著我們「下海」，辭去現職，做起「社長」。就這樣，我從會社員（上班族）正式變身為日本會社的「筆頭株主」。

做了「筆頭株主」だから何（那又如何）？要知道，日本全國有四百二十多萬中小企業，卻有五千萬以上的上班族。我僅僅是從五千萬分之一「升級」到四百二十萬分之一，公司要是經營不善，我又會淪為日本兩百多萬破產負債者之一。人以群分，每個人都是在漫長人生中，游移於不同的分母之間。

就在為公司找地點、辦登記的同時，S先生依約到了大阪。我們在大阪梅田一家飯店大廳見面。

S先生長得富態，看上去三十出頭，白淨臉、掛著眼鏡，頭髮理著大陸同胞常見的平頭，出現時，滿臉堆笑，兩人互換名片。為了今天的見面，我早把名片準備好，頭銜是「代表取締役」。自己開的公司，頭銜自然就是自己揀一個用。

華人來往，頭銜比甚麼都重要。我仍記得在台灣時，任職的公司要做一套與銀行連線的支付系統，區區二十萬的案子，銀行派來了三個「副總」接洽。我看過一個日本人的文章，說他在中國工作時，一名負責採購的同事，接觸往來的全是當地的商家，外文自然是一句不會，卻給自己封了一個「全球採購總監」的頭銜，逢人就用，云云。我儘管長年在日本，今日既然是與同胞接洽，這些記憶全都回來了。

結果您猜怎地？S先生的名片，陽春白雪，只有名字電話。拿到名片的當下，我愣住了。這名片幾乎就反映了主人的深藏不露。

商業談判

兩人在飯店的咖啡廳坐著。飯店裡，看來中國住客不少，來來往往，多半像S先生這般，全是留著幹練平頭的商人。中國大陸改革開放三十多年所厚積的能量，就在近幾年迸發，這家大阪的飯店，正具體而微地反映著這個事實。

S先生行色匆匆，是在日本走訪了他的幾個客戶之後，最後騰出半天時間給我。我忘了我是怎麼開口說第一句話的，這種「商業談判」似非我的強項，我只有試著從閒話家常談起。先談談S先生的籍貫，運氣好的話，說不定與我同屬祖籍湖南。

「S先生，您老家是？」

「我是杭州人。」

沒戲了。我隨便談談杭州西湖、談談岳武廟，這話題也無以為繼。

對了，老父是「國軍」出身，國軍當年既然在大陸號稱「八百萬大軍」，隨便也該碰到個「國軍後裔」才對。

「那麼，S先生的老太爺是從哪裡退休的？」我問道。

「喔，他是解放軍後勤單位的。」

是國軍死對頭。看來，想從父執袍澤套關係，這招也不靈了。

我帶著S先生，在大阪梅田的一家電器百貨店閒逛。這幾年，中國赴日觀光客在日本大批採購日用品、奢侈品，連「免治馬桶座」都搞到缺貨。這個現象，日本媒體稱之為「爆買」。S先生難得來一趟，必然也有想買的電器用品。只見S先生走馬看花，似乎日本琳瑯滿目的電氣、電子產品，也入不了他的法眼。

我們在電器百貨店樓上的咖啡廳稍歇，繼續有一搭沒一搭地聊著，到最後，反而是他忍不住了，直接開口問道：「侯先生，您今天要講的話，還是直說吧。」

我不好意思地笑著，拿出了隨身電腦，將準備好的簡報檔開啟。

「這是我準備好，要向您說明的簡報。」我說著，於是開始將早已練習好的說詞，覆誦了一遍：我們有意在日本，以最好的品質、實惠的價格，打開女裝的市場。我們久在日本，能掌握當地流行脈動，絕對有信心設計出消費者歡迎的服飾。唯一欠缺的，是有力廠商的配合。但願您能本著提攜互利的精神，協助我們打開日本市場。我們如今公司已經申請登記，只要您供貨無誤，三個月內即能開張……。

「侯先生，」S先生打斷了我的話：「您似乎理想不小嘛！」

這話聽不出頭緒。他願意合作？不願意合作？他只要說個「不」字，我一切打回原形。

兩人無言，結了帳後，走出了咖啡廳。我看看時間不早了，再不問出個結果，今日形同白來。

「S先生，您看，我們是不是可以……？」才走出百貨店的大門，我便不禁開口問道。

「啊，不行！」S先生驚呼了一聲，隨即又轉身往百貨店裡跑。

我不知道他發生了甚麼事。S先生日語不通，必要時，我得幫他解說翻譯。我亦步亦趨跟著他進了百貨店，邊跑邊問他：「怎麼了，發生了甚麼事？」

「尿急，出去外頭沒廁所，我得先借這裡的廁所上。」S先生邊跑邊說。

真有他的！我哭笑不得地守在廁所外等他出來。半晌，S先生笑容可掬地走出了廁所，擦拭雙手，連聲「不好意思」。

「侯先生，您儘管下單子吧，我接了！」S先生道。

這話讓我吃了一驚，一泡尿的功夫，如何讓他做出這樣的決定？

S先生與我，走回飯店的路上，邊走邊聊著。S先生說：「我這趟來日本，主要拜訪了我的老客戶。我從這家客戶，學了不少，知道日本消費者的嚴苛要求。

說起來，雙方算是合作愉快。起碼我是這麼認為的。」

S先生嘆了口氣後，繼續說道：「只是，最近這家客戶對我下的單少了。我不知道出了甚麼問題，這次來日本，特別拜訪了他們。我不會說日語，客戶不會說中文，那裡有個中國員工，幫著我們翻譯。客戶只說，前一陣子營業內容做了點調整，日後仍會一如往常，繼續下單，倒是那個中國員工私底下透露了原因：她老闆嫌我這裡成本居高不下，最近把單子轉到了越南……。」

原來，S先生也面臨了產業轉型的危機。全中國的工資都在上漲，低成本的優勢不再，想要繼續往日的榮景，他非得有所突破。只是他的客戶已經等不到那時，繼續「逐水草而居」。

「侯先生，我老實說，從您的談吐，我知道您是個很有理想的人，又是個讀了不少書的人。我在您身上，看到了我自己。當年，我也不是甚麼商人，只在學校做行政工作。由於做事不懂得通融，得罪了一些有權勢的人，被學校單位排擠。

我一氣之下，不幹了。」

「您說不幹就不幹，老婆孩子怎麼辦呢？」我問道。

「孩子剛生不久，正是需要錢的時候。但老婆支持我，說我早不該在學校繼續受這些閒氣。」

這種破釜沉舟、舉家榮辱與共的精神，正是創業者必須的呀。S先生說，在我身上看到他的影子，那是他抬舉我；我倒要說，我在他身上看到台灣早年經濟騰飛時的影子。

S先生透過同鄉的關係，立刻湊集了資本與人才，買了幾台二手機器，在深圳蓋起了一家小成衣廠。由於趕上了成衣銷日的熱潮，他的工廠規模幾年來擴充了幾倍。但最近這一陣子，由於消費型態改變，店鋪型的服飾店在日本漸次消失。以二〇一六年為例，日本就關了兩千家店鋪，取而代之的，是網路購物。

「店鋪需要大量庫存，對我們下的訂單量自然多；但一轉到網路購物，那就不妙了。說難聽點，網上只要展示一件，庫存有沒有無所謂，沒有庫存再調貨都行。大潮流是這樣，我們怎麼生存？」

我這下明白了，為何我找供應商，找得那麼辛苦？只因人家一聽到我是「網購業」，立刻聯想到杯水車薪的訂單，食之無味，棄之也毫不可惜。

「但我看了您的企劃案，自己想想，我也該試著挑戰看看新領域。我過去接的網購業者的單不多，我們合作看看吧。」S先生與我，走到了飯店門口。S先生展露了笑容：「您是國軍的後代嘛？下次等您來反攻大陸喔！」

我離開時，耳際似乎還留著S先生的爽朗笑聲。

深圳行

供應商的問題，似是解決了。我與關先生都寬心不少。我說，我與S先生約好，我將啟程到深圳參觀他的工廠。關先生直誇我能言善道，說服了供應商，殊不知我也是誤打誤撞，找到了一個一拍即合的對象。但緊接著面臨的，還有人才的問題。這豈有誤打誤撞的好運？

我想到日本中小企業居高不下的離職率（超過百分之五十），這讓我樂觀不起來。一個剛起步的公司，對於招募人才是沒有半點吸引力的。日本人是標準的「社會動物」，一個不委身在大企業或機關的日本人，就如無根的浮萍。企業不夠大，做不了員工的擔保，連購屋貸款或租屋都成問題。員工在一個新成立的公司工作，風險實在不下於老闆砸錢開新公司。

那天，關先生帶了夫人與我聚餐。關太太聰慧端莊，是個典型的日本婦女，長年在日本一家服飾公司擔任設計。菜過五味，我與關家夫婦談起了我的焦慮：「關桑，找不到人，嚴重性不下於找不到供應商。你們可有甚麼辦法？」

關太太道：「我其實私底下與幾個同事聊過。」

「您『聊過』？」我驚訝地問道。此「聊」必然非泛泛之談，莫非這意味著招兵買馬了？

關先生在一旁笑而不語。

關太太繼續說道：「其實，我現在的公司，老闆是大阪人，出了名的摳門（ケチ），公司儘管業績一直成長，但對於員工的薪資福利一直見低不見高，幾個同事早就不滿。這次，我提辭呈要和你們一起闖，私下與幾個要好的同事提了，同事表達了躍躍欲試的態度。」

「這太好了！有幾個人要加入？」我問道。

「現在知道的，有三人。剛好符合我們公司的需要。一個是做客服，另兩個做網頁設計。」關太太說道。

關先生補充道：「侯桑，接下來就看你了。」

「看我？」

「我對他們強調過，我們從事這個，一定成功。原因就是『有個一直在華人圈做顧問的侯老闆』，可以保證我們來自中國的供貨無虞。」關太太道。

這牛皮吹得真夠大！我這一張能說中日文的嘴，就是「中國供貨無虞」的保證？這話能說動這些日本員工，那不是我的本事，是關太太的本事。

「侯桑，我太太已經和這些同事約了吃飯，到時請你一同作陪，為大家說幾句打氣的話！」關先生說道。

原來，這就是關先生指望於我的地方。我出面了，代表公司確實是個有「靠山」的公司。而這個「靠山」已經為大家爭取到了中國供應商的大力支持。

我想，幾名員工既然早存異心，缺的僅僅是臨門一腳。既然如此，我不妨一試。

關太太說，與三名有跳槽意願的員工，約在下週六聚餐，屆時請我務必出面。我答應了，當晚，三人歡談，隨即告別。

第二天，我收拾好行李，即飛往香港，入境深圳，時間已是傍晚。

S先生早在深圳海關出口等我，一見到我，就像見到老友，熱烈地握手寒暄，並堅持要幫我提行李。

「你是我的客戶，你在深圳，一切就由我招呼。你就別客氣了！」S先生領著我，走到他的車邊，邊走邊笑。

我至今可是連一個訂單都未下，這次來也不過是做個「商業考察」，如此被他奉為上賓，不免覺得折殺人也。

我上了他的車後，他先帶我去飯店安頓好，兩人一同吃晚飯，S先生與其夫人都來了。中國人吃飯目的旨在聊天，要不就是談生意經，要不就是談些政治八卦，只要跟得上話題，一場飯局可以吃到夜闌。我既然來自日本，大家的話題就不免圍繞著日本。S先生的事業能起家，靠的多半是日本市場。但即便如此，S先生對於日本，仍是抱著「小日本亡我之心不死」的想法。聊著聊著，很自然地談到了「釣魚台群島」。

「把釣魚島國有化，這就是日本人對於中國領土抱有野心的證據！」S先生幾杯黃湯下肚後，罵了起來。

話說，「釣魚島國有化」那陣子，我正在日本，聽了看了不少，當時包含兩岸在內，為了這塊七公里見方不到的小島群，吵得不可開交，中國大陸各地迭起反日抗爭，甚至還出現毀車砸店等不理性的暴力場面。透過日本電視報導後，同樣也引起了日本人的憤恨不平，民族對立情緒高漲，禍延在日本的中國人。我有一晚路經東京上野車站，遇到一個自稱「台灣籍」的女郎阻街拉客。我看這「同鄉」口音不對，表明自己就是台灣人之後，女人一臉不好意思地說：「對不起，我們大陸來的，現在都不太好自稱中國人。」看來「台灣」長年的親日色彩，成了在日華人的保護傘。但太平日子維持不久，幾天後，台灣海巡部門與日本海上保安廳在釣魚台海域互噴水柱，這畫面再度刺激了日本民眾，日本網民留言「連台灣也把我們看扁了（なめてるんだ）！」怒聲四起，一時之間，台灣人也有淪為過街老鼠之勢，「保護傘」也自顧不暇了。

在國內，民族情緒可以恣意發洩，但我們身處海外的人，一旦遇到這類事情，就如身處夾縫，動輒得咎。與S先生來日方長，我不指望他對日本的看法一夕改變，但該解釋的還是得解釋清楚。

「你知道所謂『國有化』是怎麼來的吧？」我問道。S先生答稱：「不知道。」

「這事情的導火線，來自當時東京都知事，石原慎太郎的主意。石原想要以東京都的名義，把釣魚台群島買下。買下之後，又是蓋港口、又是蓋燈塔，一步一步落實日本對釣魚台群島的實質統治。當時日本駐華大使丹羽宇一郎知道了，認為東京都購島計畫一旦成真，將嚴重影響中日關係，趕緊聲明反對，日本政府有鑑於此，索性搶在石原慎太郎購島之前，先把島買下。買下了之後，啥也不做，以免影響兩國關係。這就叫做『國有化』。」

S先生沒答腔。看來我說的這些，對他而言，都算是前所未聞。「國有化」三字確實敏感，足以觸動人的情感，導致一些理應探究的經緯都無心探究。

我接著說：「所以，日本政府把釣魚台群島『國有化』，與其說是刻意挑起事端，不如說是為了顧及兩國關係，才做的決定。原先是日本私人擁有，現在是日本國家擁有，等於是左邊口袋的東西，放到右邊口袋去。你說，這改變了釣魚台群島甚麼現狀？」

S先生聞言，態度似是軟化，不再像一開始那般尖銳。我長年從事系統顧問，一套企管系統導入前，新的作業流程該如何任務分攤，哪個部門該負責做哪些事，難免遇到各自基於本位主義，互相制肘的狀況。此時，輔導大家各退一步，換位思考，公司整體利益始能達到最大。東亞領土紛爭，說簡單也簡單，釣魚台群島面積七公里見方不到，比台北市一個里都小，但其所激化的民族對立情緒，則是數倍於此，正如村上春樹所說的：「領土問題應該是實務上能解決的事情，或者說，它就應該限定在實務的層次上解決。領土問題超出了實務課題範圍，踏入了『國民感情』的領域，就見不到出口，就會帶來危險的狀況。這就像劣質酒類所造成的宿醉。」

兩人繼續吃飯、談笑，約好翌日到他的深圳工廠參觀。S先生畢竟是個中國商人，喝酒如同拚命，我這個不好杯中物的人，被他灌得大醉而歸。

第二天，S先生開車，載我到了他位在深圳一處工業區的工廠。S先生先帶著我，看了工廠裡外。

「我當初也是找了三個月，才找到現在的廠房。」進了廠房後，S先生說著，指著窗外一片林子道：「這是荔枝林，再往前望去，就是青山。我當初選中這裡，就是看中這地方遠離塵囂，可以讓工人專心生產。」

S先生接著笑道：「這裡就是蟲子稍多，呵呵。我知道『你們日本客戶』難搞，得找到一個能靜心做事的地方。要是歐美客戶，我才不費那麼大心思哩！」

「『我們日本客戶』有那麼難搞？」我忍不住問道。

「那當然。我剛開始，也是被日本客戶的總總要求，弄得人仰馬翻。我常和日本客戶說，你們的要求，技術上就是做不到！」S先生道。

「這怎麼說？」

與日本客戶接觸的經驗，言人人殊，但「日本客戶難搞」，倒是共識一致。S先生的說法，我毫不奇怪。但他照接訂單、照做生意，理由何在？

「我後來想想，這也算是一種自我提升。日本市場這關過了，還有甚麼可怕的呢？」

這倒是真的。當初日本職場的種種試煉，確實也讓我震撼不少。把日本的一切，不當障礙，只當標竿，且不說是否真能自我提升，但心態轉換非得如此不可。

S先生後來不再把日本客戶的要求視為刁難，反而力求技術突破。就這樣，他也真的站穩了腳跟，成了日本客戶可以信賴的供應商。

「你知道日本人堅持甚麼？都是一些你看不到的地方，」S先生說著，拿出一塊布做示範：「看到了吧，這塊布？上下都有縫線。上面一吋七針，下面一吋十二針。」S先生說。

我看得眼花。一吋七針、一吋十二針，全都是肉眼難計算的針數。我放棄了，漫應道：「嗯，看到了。」

「一英吋的縫線，能縫個七到八針，消費者也該滿意了，但對日本的客戶，沒縫到十一針以上不行。」

七針與十二針，到底在外觀上有啥區別，我早已放棄了，但仍忍不住問道：「縫線的間隔，機器調整一下，不就能做到了？」

S先生笑著：「不知道了吧？機器能調間隔，但速度怎麼辦？七針縫得快，十二針縫得慢，這你沒想到吧？工人抓著布，通過針頭，手勁也要拿捏得剛好。為了這十多針，我們的速度要慢下將近一倍。」

我傻眼了。這超出我的專業範圍，讓我只有乖乖聽話的份。我用相機拍了下來，打算回去好好研究一番。十二針必然比七針要牢固，縫得也好看。這是我這個門外漢也知道的。只是，差別如此微小，日本人真的連這種看不到的地方也注意了？

S先生指著一件平放在燙衣板的衣服：「衣服要出貨前，需要燙過，這一點各家都會做，是基本流程，」S先生邊說，邊扯著衣服裡面的拉鍊內裡。拉鍊被熨得平平整整：「但是，要外銷到日本，就連這部分也要燙。」

這又讓我目瞪口呆了。我平日在日本做系統顧問，領教過日本人對文件的要求、對過程的要求，但生產線上的商品，日本人又有怎樣的堅持，我則是從未經驗過，如今，總算是百聞不如一「件」了，光這一件衣服，就透露了日本人的「難搞」。

S先生又領著我去看一件掛著的襯衫：「你看這衣領。現在一般製程，都能把衣領做得很挺。但挺多久，這就要看工夫了。」

「日本人連衣領也有要求？」

「何止！日本人要求衣領下水洗多次都不變形。你說，這是不是考驗人？」

S先生說著，把一個白色條狀的東西拿出來：「這叫做『燙樸』，多了這道工序，衣服領子就不易變形。但你說，這工序做了沒做，消費者哪理知道？為了日本市場，我一定得做。」

又是一連串的專業內容，聽得我眼花撩亂。所謂隔行如隔山，服飾業被大多數人視為傳統產業的行業，對我而言，真正是隔了萬重山。

「我們從布料商進貨布料。一百米的布，要說沒半點色差，那是不可能的。布料浸在染缸裡，每個染缸都有可能產生些許色差，這叫『缸差』；每匹布在同一個染缸浸泡，各匹還會出現不同的效果，稱作『匹差』；同一匹布，各個區塊還因為織法不同，出現不同的色差，叫做『段差』。這些全都是不可避免的。但你說，日本客戶能接受哪一種色差？」

這還用想，以我對日本人的了解，這是個連電車到站都精準到分的民族，色澤的偏差豈容得下眼？

「日本人不可能接受的。」我答道。

「這就對了。日本客戶往往連一點肉眼不易察覺的脫色都不接受，只要有點脫色，整段布就不能用。不能用的布，這成本又該算在誰頭上？別的工廠只管裁剪、縫製；我既然與日本客戶打交道，這些品質上的事情，就得把關好。」

S先生領著我，接著介紹生產線上的作業員。

「這些人都是好手。但有時我也得安撫人家。訂單量多，布匹能否維持同一個色澤，成了問題；訂單量少，布匹用量少，布料商不願意賣給我。就算有了布料，工人為了小批訂單，還要調整縫製方法，做起來就不樂意。」

看來接日本單子，就意味著花錢、花工。但是，S先生為何仍要接下這些來自日本的訂單？難道僅僅為了「接受挑戰」這麼簡單的動機嗎？

「日本錢不好賺。你做得這麼辛苦，何必？」我忍不住問。

S先生笑了：「因為人家的規矩很明白。照著規矩來，認真做，自然就能賺到錢呀。」

是呀！我之著眼於日本市場，不也是如此？老老實實幹，做出讓消費者肯定的產品，在這個國度還是能受到回饋的。

S先生熟知日本市場的品質要求，且都是在這些消費者無法察覺的細微處。

我隨意在他工廠走馬觀花，心裡不知不覺地有了踏實感。台灣長年的經濟不振，人們亟思在大方向上突破，忽略了在小細節上以品質與消費者對話。我為何要創業？憑甚麼認為自己在商場上能占有一席之地？別忘了初衷呀。

結束了深圳行，飛回日本。在入境時，海關查驗了我的行李。官員從行李箱翻出一件又一件色彩繽紛的女裝樣衣，看了看，心照不宣地放了回去，臉上帶著一絲微笑。

「あの、違います。これからアパレルの会社を立ち上げたいので……（不是的，我想開個時裝公司，所以……）。」

我忙著解釋，但官員早揮手示意要我走。海關任魚游，甚麼時代了，誰在乎一個大男人穿或賣女裝呢？

日本梁山聚義

在我透露了有意創業的消息後，有的朋友建議我「不妨找台灣籍員工」。我和關先生討論過，覺得時機尚早。想要先在日本站穩腳跟，不採用全套日式待客方式，無法勝任。這起頭的一步，非日本員工不行。

甚麼叫做「日式的待客方式」？常去日本觀光的人，必然對於日本服務業笑臉迎人的待客之道，印象深刻。儘管近年來，關於日本服務品質大不如前的指摘，時有所聞，但放眼全世界，能做到像日本服務業這般以客為尊的，仍舊不多。這一點，光是在機場國門就能感受得到。某些國家的機場巴士售票窗口，乘客上前詢問時，只見鏖戰手機遊戲的售票員，意興闌珊地將手機置到一旁，勉強應客；或者禮品店服務員談興正濃，心不在焉。凡此景象，只要踏上日本第一天，就覺得跨過楚河漢界一般，氣象一新，似乎全國上下都繃緊了神經，笑臉迎接四方來客。

無怪乎日本以「おもてなし（款待）」作為競爭標語，打敗競爭對手，贏得了二〇二〇年夏季奧運的主辦權。世上除了日本，誰敢號稱自己「款待來客」的精神，獨步全球？

但日式服務，真的只有笑臉、熱情，可以道盡一切？

只要試過在日本店家買東西，大概都會注意到一點。商家老闆會因為客人所洽詢的商品碰巧缺貨，臉上浮現「抱歉已極、愛莫能助」的表情，這表情做到極致，近乎哭喪著臉。所以，世人皆知日本商家待客，重在「熱情能笑」，往往忘了日本商家待客，「同情善哭」，也是等量齊觀，一樣重要。

所謂「同情善哭」，與日本人「精於道歉」，互為表裡。哪怕對日語僅有初學程度，您也必然能從商家的口中，聽出那如連珠炮般、飽含歉意的「すみませ

ん（對不起）」。這並非全為了表達對客戶「過意不去」，「すみません」發生在收錢、找零，甚至轉身、目送，與歉意不完全聯繫上關係。

「熱情能笑」好學，「同情善哭」就不好模仿了。這多少要放下點自尊，豈是外人輕鬆能學？

有個在台灣工作過的日本人告訴我：他在台灣職場，最無法適應的事，就是台灣人面對他人在工作上的指摘，第一反應是先大呼「怎麼可能」，採取防衛姿勢，再進行對話；日本人則是先說「すみません」，各退一步，再進行對話。

職場如此，台灣一般商店也不習慣道歉。我有過幾次短暫回國期間，向店家洽詢商品，一句「賣完囉」，對話便戛然而止，仁至義盡。對於台灣人而言，「道歉」確實不是我們的強項，尤其錯不在己時，更難把道歉說出口。我若久居台灣，這些都是我耳熟能詳的，根本無需大驚小怪。但如今在日本待久了，偶然回國，聽到同胞近乎打發式的回覆，心中居然有了「受創」之感（套句當今網路常用語：

玻璃心碎一地）。所謂「由奢返儉難」，日式服務就是讓人覺得活在備受尊重的奢侈裡，再難回到我本應熟悉的服務態度。

「能一舉網羅優秀的員工，特別是客服人員，我們就是如虎添翼了！」

週六晚，我依約與關先生夫婦在一家烤肉餐廳見面，預計要來的三名挖角對象尚未現身，我等待之餘，透露了我的期許。

關太太笑道：「你放心，我和她們相處得很好，知道她們都是工作認真的人。」

「那就好。」

「只是，跳槽的事情，茲事體大。我已經和她們說，我們會以『正社員』聘請他們。不然，就難以吸引她們跳槽。」

日本企業由於愈來愈倚賴「派遣員工」，無正職的日本人與日俱增。二〇〇八年發生金融海嘯，派遣員工被日本公司大量解聘，有五百多名失業的派遣員工在東京都中心日比谷公園露宿過年，這景象震撼了日本全國。公司剛成立就只想採用「派遣員工」，絕對吸引不到好的人才。

一旦以「正社員」（正職員工）聘請，依據日本勞動相關法律，公司無「客觀合理的理由」或「社會上通用常識」，是無法任意解雇員工。說得極端點，你開了餐廳，請了一群做飯的夥計；後來餐廳不做，改開理髮廳，這些燒飯的夥計縱使不會剃頭，你也得為他們在理髮廳找份工作，掃地擦桌子都行。總之，你也不能貿然請員工走路。除非公司倒閉，或員工自行離職，我們都有義務一直照顧她們的生計。這對我們而言，是個非挑不可的擔子。

關太太說：「今天我除了盡力說服她們，還得靠你的助攻（後押し）。你親自出面，說公司經營可靠、商品供貨沒問題，讓她們安心轉職。」

關先生接著半嚴肅地說：「侯桑，認真點，別像平常那樣愛開玩笑呀！」

說實在，我不太確定自己的臨門一腳，是否真有助益。我就算有如鼓舌簧，畢竟還是得透過日語來表達，這力道就減了一半。

不久，三名員工陸續來到：三木、中井、川田。三位小姐看上去都不超過三十歲。中井、川田專長在於網頁設計，三木則是客服人員。

我們互道姓氏，一一寒暄。關太太特別介紹我是「噂の台湾投資家（傳說中的台灣投資家）」，這是個臨時的封號，讓我在三位年輕小姐面前，略顯尷尬。「別這麼說我了，『投資家』當不當得成，還得看各位哩！」我靦腆地道。

店家端來啤酒，五個人齊喊「乾杯」，喝了第一口。日本人喝酒，大多隨意隨興，鮮有強人喝酒的事。口稱「乾杯」，也絕非一飲而盡，而是小啜一口，不再觥籌交錯。這讓我這個不善喝酒的人，也得以混個濫竽充數，無人察覺我滴酒未沾。

幾個女孩都能喝，邊喝邊談著公司的大小事，把我晾在一邊，我也正好藉機觀察這三位將來可能共事的員工。

中井、川田笑逐顏開，頗為可愛，但真正談笑風生的，則是三木。關太太說過，三木是「ムードメーカー（帶動氣氛者）」，既適合對外應客，也有助於調和辦公室氣氛。

三人皆能為我所用否？

大家談著現在公司的種種。三木開始模仿起她們老闆的口頭禪，用著滑稽的關西腔（大阪一帶的方言）：「アホか、こいつ（蠢貨嗎，這小子）？」

說完，大家大笑。三個女孩子，都是從「短期大學」（短大）畢業。這是種日本特有的教育制度，有一點像我國的專科學校。老一輩日本人的印象裡，「短大」是專門培養好媳婦的所在，銀行的客服窗口最樂意錄用這樣的女孩子，大企業招募客服新人，從「短大」成批物色畢業女生，是最省事的做法。短大的女孩子，進了公司、做起總務、社內戀愛、結婚辭職，人生軌道鋪設得有條不紊。現在男女職場機會力求平等，情形固然起了一點變化，但客人造訪，端茶招呼的，必然是女孩子，不做他想。

台灣人總覺得日本女孩子「有女人味」，那是社會期待如此，日本大企業也將這類旨在相夫教子的日本女孩視為男職員的「福利」：男人進了大企業，只要苦幹實幹，不僅終身收入無虞，連太太都幫著預備好（最終當然仍是各憑本事）。對男女期待不同，這事自然不好明著說，但全都在日本職場空氣中瀰漫得心照不宣。附帶一提：社內戀愛（公司內戀愛）對於日本女孩子而言，還是個只許成功，不許失敗的任務。想要在社內維持清純形象，總不能交往了中村先生，再交往上村、下村，一村一村地交吧？

可以說，日本女子，尤其是短大畢業的日本女子，其「女人味」是學校、職場一貫作業下培養出來的。如此這般，我既有心於做日本女人的生意，放手讓這些女人中的女人來做，才是唯一的出路。

倒是她們口中揶揄的「老闆」，似乎不怎麼受這些日本女子的待見。從她們言談中，我約略拼湊出這位關西老闆的形象：大阪人，娶了個上海太太、在郵購服飾尚在啟蒙時期，他搶先一步著眼於此，透過上海太太的穿針引線，進口中國廉價的女士禮服，以此暴得大富。

「公司每年營業額好幾億，但是我們進公司以來，三、四年了，薪資沒調整過一毛，分紅也少得可憐。看不出來老闆對於每一個員工有著甚麼長遠規劃。」三木說道。

「使い捨てです（把我們用過就扔）。」川田接著說。

「自分が得することしか考えないです（只追求利己）。」中井也補上一句。

看來對於老闆的反感，是有志一同了。大阪商人聞名於日本商界，當中又以「堺商人」稱霸四個世紀（堺是大阪府中部的都市）。從前堺商人得利於「日明貿易」，也就是與大明王朝的進出口，產生出一群貨殖長才。與這位大阪老闆轉賣中國商品，從中牟利，其生財之路，如出一轍。將本求利，固然是商業經營的鐵則，但日本的流行成衣業似乎走了偏鋒。日本某家大型服飾公司，三令五申「不許加班」，實則店鋪打烊，要到晚上十時至十一時之間，其後清點庫存、整理賣場、準備翌日商品，總要弄到凌晨。這些非加班不可的活兒，全在帳上消失無蹤，員工只有盡心盡力配合公司「無加班」政策，多做無賞，少做有罰。這家公司長年如此，屢屢成為媒體關注的「黑心企業」，近幾年為了洗刷企業面貌，將一萬多名非正職員工登用為「正社員」，享受正職待遇，卻始終擺脫不了舊日黑心形象，形象問題拖累公司，陷入業績不振的惡性循環。

看來關太太沒說錯，這幾名員工都有異動的想法。只是，有心異動是一回事，願不願意加入我們新成立的公司，又是另外一回事。我對關太太使了個眼色。關太太意會，隨即做了個起頭。

「大家難得聚在一起，我就開門見山談談我們的計畫。」關太太道。

「私たちの計画（我們的計畫）！」女孩子們眾口一致地說著，隨即靜了下來。

關太太道：「侯桑在此，也想知道大家的意思。大家都聽說了，我和我先生有意開一家服飾網購公司，侯桑是我們的合夥人。為此，我也向公司提出辭呈。可以說，我是一往無前了。」

眾人點了點頭。關太太繼續說：「我是無所謂，反正我有先生養我。我做不好，最多回頭做家庭主婦。各位既然都有離職的意願，我們就……？」

三名女孩子未發言，偶爾只聽到三木傳來「嗯」的應和聲，不知可否。

「我必須把話說在前頭：這開頭會是一家小公司，但有了妳們，我相信公司必能成長。」關太太說著，把眼光朝向我，希望我發言。

我看看差不多了，喝了口水後，放下水杯，開口道：「首先，謝謝各位今晚賞光，大家不拘形式，就當是認識朋友。畢竟，大家平時聚餐吃飯，連活魚都吃過，沒看到過從台灣進口個活人吧？」

來。

語畢，女孩子們先是愣了半晌，隨即爆笑如雷。關太太也忍俊不禁，笑了出

我表情不變，清了清喉嚨，繼續道：

「開一家新公司，有風險；加入一家新公司，同樣有風險。各位知道阻撓我們前進的，不是那些看得到的困難、障礙，而是那些看都沒看到的風險。人們只要想到有風險，就裹足不前，最後就是一事無成。」

「很多人，一生避開了所有的風險，在無災無難中度過。這是他的人生態度，百年之後，他墓碑上面就留個名字，其他甚麼也不是；墓碑再要風化，他就連名字都留不下來（墓石は風化してしまったら、名前も残らない）。」

「但是敢於承擔風險的人，不一樣。機會是留給這樣的人。不朽的墓碑也是留給這樣的人。我身為一個外國人，卻在日本走上創業這條路，所承擔的風險比我自己的家鄉來得高。但我敢於這麼做，關先生與關太太也願意這麼做，因為，

我們眼中看到的是希望，讓我們願意接受所有挑戰。」

「我投資最多，扛起了最大責任，我也說服了中國的供應商，新商品三個月後就會到。我相信日後商品也不成問題，儘管我『風險』不離口，但絕非盲目，事實上是萬事俱備。我唯一欠缺的，就是像各位這樣有能力的員工。請各位加入我們！只要妳們幫著我們走這開頭的幾里路，日後公司成長壯大，就是公司回饋妳們，讓妳們決不後悔自己的選擇。」

幾個女孩鴉雀無聲地聽完了我的說話。這番精心設計的演說，日語大致無誤，我見到女孩子們邊聽邊點頭，全都懂得我要說的意思。只是，這到底造成了多大效果，我毫無把握。

「あの（嗯）……」三木小姐開口說話了：「侯桑，不知您為何說得這麼認真。我們早就答應了，要到貴公司效勞呀。」

中井也說：「您不用擔心，我們加入了！」

早答應加入了？我為了今晚的「演說」，輾轉反側好些日子，早知這幾個女孩要加入，我犯得著這樣動情地講演？

眾人再度舉起酒杯，齊聲為公司的未來「乾杯」，我為了剛剛的演說用情過深，半天回不過神，胡亂地喝了幾口，隨即到廁所尿遁，免得尷尬。關先生也跟著進廁所。兩人面對著牆小解。

「甚麼時候知道的？」我問道。

「甚麼『甚麼時候』？」關先生反問。

我敲了一下他的頭：「這幾個女孩早答應加入我們公司，你怎麼不告訴我？害我在那裡情真意切地講演！」

關先生再忍不住，大笑出聲：「我就是想看你正經時能有多正經，我這雞皮疙瘩起得喔……哈哈哈！……喂，我還沒尿完，你別拉我呀！」

作戰會議

我曾經調侃過日本公司的會議文化：日本公司的會議，除了「會議」，還有「作戰會議」，還有「打ち合せ（UCHIAWASE）」，還有「話し合い（HANASHIAI）」，名稱不一，但作為消磨時間的場合，則無二致。

這次，為了自己公司開張的準備，我也不免俗地召開了「作戰會議」，目的有二：一是決定公司首批商品；二是考慮到日本特殊的人力市場狀況。

甚麼是「日本特殊的人力市場狀況」？

根據日本一家人力仲介公司所做的統計：日本人離職，寫在辭呈上的理由，最大宗的是「婚嫁、或家中有變故」，其次是「身體出狀況」，再來則是「所做非所願」。但真要私下問起來，那又是另外一番景象。調查結果顯示，日本人真正要離職的原因，一是「職場人際關係」，二是「人事制度不滿」，三才是「薪資偏低」。

有一個在台灣工作過的日本朋友告訴我：他周遭有過離職經驗的台灣朋友，眾口一致地表示「當初是為五斗米跳槽」，因人際相處問題而跳槽的台灣朋友，一個也沒有。

日本有日本的狀況，台灣有台灣的原因。台灣職場長年維持著低薪水平，跳槽是爭取高薪的重要手段；日本職場人際關係複雜難處，追求圓融職場環境的願望，遠高於對高薪的追求。就以中井為例，她曾和我談過，當年進公司，不知公司有著六個月的試用期（一般三個月為主）。入公司五個月後，有一次，她被主管叫到會議室，告知「妳還有一個月的試用期。我聽其他同事反映：妳每天進辦公室，和同事打招呼都小聲。剩下這一個月，妳要是再不能改變大家對妳的印象，我將很難保著妳。」

中井告訴我：「平日大家都和和氣氣，沒一個人當面說過我甚麼。怎知道從主管傳出來的評價，這麼難堪……。」

川田則是說，她幾次九時準點上班，即被主管指摘「責任心不足」，其他同事都能在九點前就位，何以她偏偏「姍姍來遲」。

三木說，她至今累積了一堆「有薪假」，就因為公司氣氛讓她連請假都不好說出口。

傳統的日本公司固然毛病不少，但像她們公司這般五毒備至的公司，倒是少見。

所以，這幾名爽快答應加入我們、上了我們這個梁山寨的日本員工，不是衝著我們的「高薪」而來。我們沒開出高薪，薪資完全比照市場水準。員工對於老闆意見不少，對於公司現狀有心無力，才是員工投奔我們的主因。

如果我們公司不能廣開言路，讓員工和衷共濟，則下一個逼走她們的，就是我們的公司。

對於此，我在日本做了幾年顧問，也有些發言權。日本員工服從性高、忠誠，都是很好的特徵。但是與這些美好特徵背道而馳的，則是各類調查顯示，日本員工的積極性並不高。根據管理顧問公司「合益集團」的調查，日本員工的積極度僅有六十二%，低於世界平均水平（六十六%）；億客行（Expedia）對於各海外據點的員工做了調查，日本員工對於工作滿意的，僅有六十%，得分最低；國際人才仲介公司羅致恒富（Robert Half）的調查顯示，日本員工對工作的滿意程度，僅有四十七%，依舊敬陪末座。

日本員工積極性不高之外，還加上另一個難堪的數字：「勞動生產率」低。日本員工「勞動生產率」低，在已開發的工業國是出了名。白話地說，就是日本員工辛勤幹活，但產出的商品數並不高。對於這個有損國家顏面的事情，日本經濟學者也提出各類左支右絀的解釋，讓人看了不忍。

為何人們印象中勤勉奮發的日本人，研究結果卻是另一個面貌？傳統日本公司流動性低，講究人際關係圓滑更勝於專業性。我過去以系統顧問身分從事專案，接受過外資客戶與日資客戶的面試。比起外資公司在面試時對專業技術的綿密考核，日資公司大多以雜談居多，「你日語在哪學的？」「晚上和我們喝酒去不？」「台灣還有啥好玩的地方？」三個閒聊話題可以扯三十分鐘，用意就是要看面試者「好相處否」。

傳統日本公司注重「人和」，不擅於在市場網羅需要的人才，「中間採用」（外部公司轉職）不盛行。所需的人才，寧可在公司內「培養」，這導致一般日本公司連職務的「定義書」都付之厥如。公司自始就想把員工做多方面運用，自然不會以訂好的職務範圍將員工限定住。以前與我同做系統顧問的日本籍同事，問其背景，是「日本文學系」，問其如何也做起系統顧問，答案則是「公司內培訓出來的」。公司寧可找自己褲檔裡的人，不找外人。這足以讓我們自學校科班出身的人，有了不如歸去之感。

注重「人和與團結」成了最高指標，容易讓公司基層員工有志難伸，拖累了工作意願與生產性。但「人和與團結」確也是日本公司凝聚向心力的基石，不能輕易偏廢。

我突然想到：何不讓員工加入公司的重要決定，對公司多些參與感。比方說，開張初期該賣甚麼商品，大可找員工一同商量！

我對關太太如此建議。關太太專長正是服裝設計，讓她委屈自己的專業，與一些「素人」討論新商品，這個建議恐怕不那麼討喜。沒想到關太太欣然同意。

「うん、私も賛成です（嗯，我也贊成）。」關太太表示，服飾設計久了，難免形成自己的窠臼，跳脫不出。加上一些外部的刺激，對於服裝設計的人，是個好事。

於是，我們選在一個週日，以支付酬勞的方式，請員工們（尚未正式加入公司）來辦公室參與討論。

我必須老實承認：我對女性服飾，一竅不通。關先生曾問我：「知道怎樣的女人衣服是漂亮的衣服？」我不假思索答道：「女人看了想穿，男人看了想脫，就是漂亮衣服。」關先生由此知道我對女性服飾不甚了了。他勸我少看台灣流行的「韓風服飾」，那種強調曲線畢露的服飾，不適合日本女性上班族。

「總之，你要記得一句話，日本ＯＬ服飾設計重點，就是『上品』（有格調、端莊）。她本人上品與否，那是另一回事，但衣服一定要烘托出上品的效果。星期天討論服飾，讓她們女人盡情發言，我們兩個男人就少說兩句。」

我諾諾連聲，不再答腔，就等著星期日「作戰會議」的召開。

週日當天，三木、中井、川田連袂到來，關太太坐鎮主持，兩個投資人，我與關先生作壁上觀。

關太太先起頭：「首先，謝謝各位在週日抽空來開會。我在電子郵件也寫了，這次請各位來，主要是一起討論未來公司販售商品的設計方向。」

幾個員工點頭稱是。我則是滿心好奇，想看看關太太打算如何激發員工的創造力。

關太太在黑板上寫了幾個英文字母：

「ＴＰＯ」[1]

「日本人都知道ＴＰＯ。Ｔ，時間；Ｐ，地點；Ｏ，場合。我們將這TPO乘上三倍，Ｔ就是時間、潮流、業種；Ｐ就是地點、職位、成本效益；Ｏ就是場合、機會、原創性。我們公司打算怎樣做好我們的定位，不妨從這『ＴＰＯ三倍』著手分析。」

---

1 （T:Time, Trend, Trade; P: Place, Position, Performance; O:Occasion,Opportunity, Originality）

關太太這一解說，討論的入口豁然洞開，員工七嘴八舌地貢獻自己的看法：新開的公司，不可能走太高級的路線；若一開始即企圖以低價殺出重圍，則競爭對手過多，隨時有滅頂之災。穩健做法，則是採中高價位，走高品質，以此站穩腳跟。

我對日本ＯＬ服飾本是霧裡看花，只知此女千嬌，彼女百媚，卻說不出個所以然來。從大家的討論中，我也能歸納出日本ＯＬ服飾的特色：「清潔、品味、低調（控えめ）」。

三大特色，成了日本ＯＬ服飾設計三大原則。台灣人總以「有氣質」三字一語蓋括日本女性的穿著，其實就是這三大原則的作用。

根據暢銷書《致勝衣裝》作者莫洛的研究：六十％～七十％的女性，服裝搭配不良，卻無人指正，導致本人渾然不知，甚至因此與成功機會失之交臂。台灣的情形更是雪上加霜，由於有眾多摩托車人口，台灣人的穿著不得不顧到騎乘摩托車的需要，這造成了天然限制。由此來看，日本ＯＬ的穿著打扮，對我們台灣人而言，可借鑒之處殊多。

員工討論過程中，幾種女裝設計在初始即被排除：胸襟過開者，不予考慮；布料過透者，不予考慮；曲線畢露者，不予考慮。

「難怪日本ＯＬ服裝，穿起來帶著『聖潔』感……。」我暗自嘆道。

「なんか言った（你說啥）？」關先生問道。

「我說，我們這些員工真是專業。」

討論繼續進行：裙長以即膝為原則，布料以素面為原則，上衣應忌無袖，裙襬不宜飄逸……。

顏色部分，多採寶藍、米白、灰色，這幾個保守色系。日語所說的「無難」，即穿了不惹人嫌。只要能「不惹人嫌」，日本女人的「上品」感也就自然流露。

「我的媽呀，這都成了聖女貞德了。」我再度私下嘆息道。

「また、なんか言った（你又說啥）？」關先生問道。

「我說，肚子餓了。」

就這樣，公司的衣服風格大致確立：簡約、高雅，幾個設計圖也勾勒出來。這可是我經歷過的日本公司會議中最有效率、成果最豐的一次。

只是，我畢竟是個肉眼凡胎，看不出設計好壞。等到設計圖交付S先生，三個星期樣衣做成，在模特兒身上一套，我全明白了。

模特兒攝影當天，關太太與員工齊出動，忙著化妝打點，我和關先生仍只能旁觀。模特兒換上我們的衣服，從更衣室出來那一霎那，我、關先生，以及在場的攝影師，都忍不住鼓掌喝采起來。

「怎麼樣，這還是你看了想脫的衣服？」關先生意有所指地問道。

「不，讓大家都穿上，我們要靠此發財了！」我興奮地道。

再作馮婦

與此同時，我的本職（企管系統顧問）仍在進行。由於顧問收入不差，我投資的公司若需金援，可以自我的顧問收入彌補。

東京一家內衣製造販賣公司找上了我，面試當天，問我有無這類公司的系統導入經驗。

我突然想到了我赴日留學前那段歲月。

當年，我決定赴日留學，粗算了一下，學費加生活費，比美國略少，比澳洲要多。在東京，每月的生活費要五到六萬台幣之間，學費還要另外再算。以一個受薪階級而言，家中出了一個留日的孩子，就勢必要有節衣縮食的心理準備。

所以，我的決定，給家裡帶來衝擊不小。母親為之臉色一變，父親為之半天不說話。在他們為我做的規劃裡，我在美國有個姨媽，可以就近照顧我的生活起居，留美絕對比留日來得經濟。父親從一個公家機關的僱員退休，母親肢體殘障，家中經濟狀況連小康都談不上，若非我一路念公立學校，恐怕連拿大學文憑都是癡人說夢。

有看官說：「老侯，你也真是不懂得秤秤自己的斤兩！你這種狀況，也學人家留學日本，給自己家裡添麻煩？」看官呀，事出必有因，壞就壞在高中時期認識了一個好友。我和他臭味相投，上下車同樣都有司機接送，他是私家車司機，我是公車司機。此公在台灣，學文不成，學劍又不成，老爸於是資助他到日本留學。成天聽他從日本傳來的消息，無非就是五光十色的新奇體驗，這必然也影響了當年沒見過世面的我。再怎麼說，台灣留英語系國家的多，留日的相對較少，我若英日語皆通，或許可以增加日後自己在就業市場的競爭力（事後證實也確是如此）。再加上從小到大，聽父母話已聽成了習慣，在留學一事上，就想「逆反」

一下。

留日，就這麼在我心中成了不可撼動的人生目標。

「聽說你要留日，你知道隔壁的劉媽媽怎麼說嗎？她說，日本留學，哪裡是我們這種家庭去得了的。我們那點收入，全拿來供你留日都不夠！」母親坦白地說出了自己的苦惱。

我語帶安慰地說：「媽，大陸的留學生，身無分文也能留日，為何人家行，我不行？我可以打工，工讀賺錢，不會給家裡添負擔。」

媽媽依舊是半信半疑。說實在，連我對於自己能否自食其力都不是太有把握。什麼「辛苦洗盤子、當店員，苦學出頭的大陸留學生」形象，純粹是我向壁虛構而來。誰、什麼時候、在什麼地方，憑著洗盤子刻苦求學有成，這例子我一個也舉不出。但我自認為很有說服力。

媽媽苦著臉，爸爸則仍然是坐在一邊，一語不發。爸爸的一語不發，有另外的原因。家裡有個長輩，當年被日軍打死，爸爸還有個摯友，是個東北人，生下來就因為「九一八事變」成了亡國奴。就連我的外公，也曾在衡陽保衛戰中險些丟了性命，父母周遭充滿了這些對日本理不清的國仇家恨，偏偏我成了矢志留日的孩子。父母心裡情緒之複雜可想。

我決定在經濟上不給家裡增加太多負擔。只要經濟上能自立，父母不該有太多怨言。我把我稚嫩的規劃告訴父母：「你們預備讓我留美的資金，我只需要一點，就當是『初期投資』，作為學費，去日本語言學校，上三個月的課。之後，我會考公費。我查過了，只要考上了，學費全額補助，每個月還有二十萬日幣的生活津貼，不需要家裡出一毛錢。從開始學日文到考上公費，預計一年。一年後，正式到日本唸書。」

我把計畫說得有模有樣，所謂「初期投資」，其實就是名符其實的 sunk cost（沉沒成本），丟到水裡無聲無息。我知道自己正在進行一場豪賭，賭錢，也賭時間。到時只要沒能考上公費，錢沒了，人也不再年輕。

聽完我的話，父親的臉色不太好看。他其實並不在乎錢，為了不讓自己兒子因為家庭因素留不了學，他連抵押房子的心理準備都有了。只是，「留學日本」，畢竟超出他情感容許範圍太遠太遠。

「你要去就去吧，」沉默半晌，父親總算說出他的最終決定。「我們是什麼樣的家庭，能支援你到什麼程度，你自己清楚。到了日本，沒人能照顧你，你要好自為之。」

父親同意放我單飛了，母親不再有意見。這是我長這麼大以來，第一次「脫離父母的手掌心」。就這樣，我赴日留學的計畫正式付諸實施。

學日語，半年之內求得「小成」；準備交流協會公費考試，一年之內取得「大成」。一個二十多歲的年輕人，第一次對自己人生作這樣嚴肅的規劃，如今回頭想想，自己也覺得不可思議，彷彿人生最大的雄心壯志，全都在這時迸發。日後的我，竟然是隨波逐流的多、奮勇一搏的少，直到這次決定創業為止。

在日本的好友早就幫我張羅好語言學校入學的事情，所以我到東京的第二天，就能直奔語言學校。他建議我：語言學校只上半天課，剩下的時間，與其閒晃，不如打工。一方面賺錢，一方面也算藉機學習真正的生活日語。

「我認識一個台灣人，在新宿打工，就要辭職了，他空出來的缺，你可以遞補看看。」好友這樣遊說我。我覺得他說的不無道理，難得出國，全方面體驗人生，本來也是到海外探險的目的之一。遊學打工，又有什麼不能嘗試呢？

就在我上了一週的日語課後，透過朋友介紹，我和了那位即將辭去打工工作的台灣人初次見面。

「你能來遞補我，我最開心了。畢竟我在店裡打工了半年，和老闆也混得不錯。我一走，老闆還要忙著找人，我覺得怪不好意思的。你來接替我，算是幫了我一個大忙。」那位台灣同鄉說著，表情似是如釋重負。

「你的工作有那麼辛苦嗎？怎麼說得好像很難找到人接替似的？」我不可置信地問道。

「嗯，工作內容並不苦，就怕你待不下去。」他詭異地說。

「什麼意思？」

「是賣女人內衣的。店家就在新宿車站下面的商店街。你只需要看陳列架上胸罩、內褲少了，就到倉庫補貨。很輕鬆，時薪九百八十日幣。就怕你身為一個男孩子，在那種都是女客人的地方，待不住。」

「求之不得」，我暗自念著。內衣內褲捧在手裡、甜在心裡，還能領九百八十日幣時薪，人世間有這麼好的事情？這要換成今天，少不得又會被媒體大大渲染成「大學畢業生淪為異國內衣店搬運工」、「血淚：高學歷台灣青年海外每日搬運胸罩內衣」之類，搞得舉國同此一慟。但這「時薪九百八十日幣」的內衣店工作，真要說起來，甚至高出我回國後人生第一份正職（月薪三萬六千）。

我表情為難地爽快答應。

第二天，約好下課後，和台灣同鄉會面。他領我到了新宿的地下街女性內衣店，和店長打了招呼。店長是個年約四十的男人，對於我半生不熟的日語，他沒多大意見，只吩咐我要勤快補貨，讓店面陳列架維持好的賣相。台灣同鄉接著交代我作業程序，我一個一個記牢了，當日就交接完畢，走馬上任。

接近三個月的內衣店工讀生活，就這麼展開了。上午上學，下午工作。工作內容確實如那位台灣同鄉描述，「很輕鬆」，除了店長，我是內衣店唯一的男人，和門神一般站在女性內衣店門口不太妥當，我當時的日語能力又不能應付女客人的問話，所以，能做的就只剩搬胸罩內衣。陳列架貨少了，就補貨；倉庫貨少了，就通知店長叫貨。長久下來，別的日語還沒進步，內褲內衣的關聯日語倒是「多識蟲魚鳥獸之名」，進步神速。

三個月下來，我的日語除了內衣店相關用語，其他進步並不明顯，但計劃中的三個月語言學校期限已到，我買了一本「朝日新聞」出版的《天聲人語》社論集作為日語課外教材，收拾好行李回國。

公費考試要求的專業科目（「經濟學」等）水準，與考研究所差不多；日語水準則比一級日語還難（要口試），這些我都計畫在一年不到的時間內準備，確實吃力。回國之後，我再獲父母的資助下到考研補習班補專業科目；日語則是土法煉鋼，《天聲人語》裡的報紙社論，我選了五十篇，每一篇都硬背，一定要背到隨手寫出一字無誤的地步。就這樣七、八個月下來，我已經不怕日文的讀、寫，但聽、說仍是一大問題。補習班的經濟學課程上完了「總體經濟學」，「個體經濟學」只上了一半。只是時間已無法等我，我硬著頭皮去考。

經濟學，我考得不算太好；日語，我考得不算太壞。信心在五五波上下。值得一提的：日文作文題，竟與我背的《天聲人語》一篇社論若合符節，我下筆如有神，寫出了一篇「社論水準」的日文。結果公布：我的筆試通過了。但筆試過關，還有口試等著我。外語聽、說能力，哪裡是可以一蹴而成的？我在日本搬了三個月的胸罩內褲，開口能說什麼日語？不安，隨著口試的逼近，逐漸增大，直到口試當天。

口試那天，在台北日本交流協會，四名日籍面試官對著我，輪番出問題。「侯先生，說說您到日本留學的計畫？」第一名面試官開口問了。

這題簡單，是在我預想範圍內。我鬆了一口氣，答：「我想學習日本的經營管理。」

接著，第二名面試官也開口問了：「喔？日本的經營管理？你認為有什麼好的地方，值得學習的？」

這也是在我的預料範圍。我照本宣科地答：「因為日本的大企業在這地方作得很先進，能掌握市場脈動，作出正確的決定，我希望從中學習。」

夠了，我想。再多的，我也答不出來了。諒你們也不會問得再深入了吧？再深入下去，那就不是口試了，而成了筆試。接下來，只要他們談一些天氣、問一些興趣，這口試也該過關了。我如此樂觀地盤算。

第三名面試官清了清喉嚨，追問：「侯先生，您能不能再具體描述一下，舉例說明，為什麼日本的經營管理，值得你做研究？」

我開始冒冷汗。不就是面試嗎？都說見面三分情，你們怎麼一點都不留情呢？你們聽我結結巴巴的日語也該知道：我就是個賣胸罩內衣的，哪是能回答什麼「經營管理」這類大道理的專家呀！

對了，我是個賣胸罩內衣的！我突然靈機一動，想起了賣內衣時的「SOP」。

「比方說……」

「比方說？」

「比方說，日本店舖管理這方面就做得很好。『陳列棚』上的商品，少到一定程度，就要立刻到『在庫』那裡去『補充』。如果『在庫』仍然不夠，就要『發注』，『受注』的『仕入先』若是不足，就要想辦法『調達』，以免造成『品薄』的印象。在日本，這些都有一套嚴謹的程序，很值得我們台灣學習。」

我一口氣把內衣店所學到的日語全用上了，自信字彙已經超過「日語一級」的水平，就差沒脫口說出「胸罩」、「內褲」。

問我的面試官，臉上展現出滿意的微笑。最後一名面試官，親切地問我打算念哪一所大學，就放了我一馬。一場口試，就這麼完成了。

最終結果發表：我順利考上了交流協會公費。一切符合了我在一年多前規劃的藍圖，母親為此喜出望外，當初聽說我決定留日時的不安陰霾，一掃而空。

我興奮地對母親說：「留學，可以不用花錢的。這你沒想到過吧？」我說著，突然注意到桌上有個不曾見過的牛皮紙袋。

「這是什麼？」我問道。

母親說道：「房屋產權證明。你爸爸早就準備好了。他說，要是你沒考上公費，就拿這個去辦抵押貸款，說什麼也要供你留日。」
我看著仍是沉默的父親，不知怎地，感覺自己眼眶有些濕潤。

＊

這已是十多年前的往事，但因為是來日本最先做的差事，每一個細節都留下深刻的印象。如今我在日本職場翻滾多年，山不轉路轉，又遇到了內衣公司。客戶問起我有無這類公司的「系統導入經驗」。這讓我再度想起了這段陳年舊事。
「你們的銷售型態比較繁瑣，有寄銷、賣斷等等方式，每個月要從各直營店收帳，帳目如果是直接從店家每筆交易反映過來，金額必然瑣碎，銷帳問題勢必頭痛，屆時得有一個核對帳目的方法，透過系統執行……。」

我要言不繁地把客戶可能遇到的系統問題，如數家珍地說出來。客戶聽後，大表滿意，說「難得遇到懂得內衣商品作業那麼詳細的顧問」。在表明錄用我時，仍忍不住問我為何對日本的女性內衣販售通路這麼熟悉。

「是男人，都嚮往的，不是嗎？」我答道。在一片大笑聲中，我簽下了系統專案合同。我的網購公司也有了金援依靠。

十多年前種下的因，直至現在還不時冒出果子來。

女子力

公司開張之前，我能拿下專案，對公司資金無異一股活水。關先生得知消息，很是振奮。關先生自己也是系統顧問，這陣子都在大阪一帶作專案，我與他等於分進合擊，一同幫公司振翅高飛。

「侯桑，你真有辦法，一邊作系統專案，一邊看女人內衣……。」有一次見面，關先生與我調侃道。

「你別火上加油了，我真要按捺不住，把客戶系統搞砸，怎麼辦？」我開玩笑地回他一句。

關先生正色道：「不過，說真的，這個專案女性成員較多，你可以藉此觀察一下日本女人的特性，說不定到時能應用在我們的商品上。」

這個想法倒是不錯。與日本女人單獨共處是一回事，真要理解日本女人的好惡，沒有長時間、多人數地觀察，很難得出結論。

在專案開始的第一天，就驗證了我的看法。

專案開始日，我們專案顧問成員全到齊，與客戶互相介紹，了解專案的進展計畫。之後，即相約晚上一同參加交流餐會。

當晚，客戶主管玩興正高，餐會之後，提議唱歌。在幾名下屬ＯＬ簇擁下，一同去了卡拉ＯＫ。除了一名ＯＬ說要先回家之外，連同我們幾名作顧問的，全員奉陪到底。

到了唱歌的包廂，一行人將包廂擠得熱烘烘，一個小時不到，笙歌未已，我見到鄰近幾個ＯＬ交頭接耳，從ＯＬ們的交談中，我依稀拼湊出這麼一個內容：吃完晚飯後即行回家的ＯＬ，是在日本工作的韓國籍女孩。下班後的時間，本來就屬於私人的，能參加聚餐，固然難得，但日本ＯＬ認為：餐後陪主管唱歌，本係女性「分內事」，不參加，就代表「女子力不足」。韓國人畢竟不是日本人，不懂得展現「女子力」，云云。

這一段竊竊私語，真讓我開了眼界。日本的團體、職場，有「女子力」一詞，我從前僅止於耳聞，對內容一知半解，如今看了日本ＯＬ的現身說法，頗有茅塞頓開之感。原來，「女子力」指的不單是外表的女人味，非僅指穿著，也非僅指化妝。簡而言之，所有用以劃分男女，標示女不同於男的指標性事物，都稱得上「女子力」的一環。

網上對於「女子力」的說法不一，拿英文作對照，「女子力」翻成「Girl Power」，看似珠聯璧合，其實根本南轅北轍。「Girl Power」強調女子眾志成城；「女子力」強調女子以柔克剛。這樣的「女子力」，恐怕只能放在日本文化中理解，才能略知一二。

日本女人只對男子施展「女子力」，用意說白了，就是討男人歡心。不在團結對外，反而是要各憑本事，各出奇招，以凸顯自己獨步群芳。奇招既不在精心打扮、也不在美艷動人。日本女人穿著打扮已屬基本功，但外表美女固然討喜，太美的女人，只能使男士有高不可攀之感，反而不見得是男人眼中「女子力高」的魅力女性。「女子力」是男人喜聞樂見的女孩言行，花木蘭型或武則天型的女子，搶了男人的威風，「女子力」只可能見低不見高；「女子力」還是比較而來的結果，妳不分菜她分菜；妳不微笑她微笑；妳不噓寒問暖她噓寒問暖；妳不小鳥依人她小鳥依人……，其結果，妳的女子力也只能在她之下。

看著這些日本ＯＬ對她人女子力的品頭論足，我又依稀想起我當年在台灣某日商公司工作的往事。公司某部門要找一名助理，我介紹一個認識的女性朋友到公司面試。面試完後，問了朋友感想，這個女孩子說：「你們人事部門問了一個奇怪問題：願不願意在客人來時主動倒茶。」

如此看來，日本公司到了台灣，已算是入境問俗，因為同樣的日本公司，在日本無須過問，凡屬女社員，理應倒茶伺候來客；台灣本無客人到訪「女子服其勞」的習慣，日本公司想要台灣女子發揮「女子力」，非先問過本人意願不可。

所以，左看右看，日本人所著重的「女子力」，不僅讓日本女子成了東亞一道特殊的風景線，以世界範圍來看，日本女子都已發展成奇特的物種。

無怪乎，對於日本ＯＬ，裙子與高跟鞋賣得特別好。這都算是給日本女人「女子力」加分的物件呀！

「侯桑，對日本女人的理解，有心得了嗎？」幾個月之後，關先生好奇地問道。

「有了，『女子力』，應該就是我們的主打概念。」我答道。我必須承認，我自認為被日本女人的「女子力」充分洗禮，連說話也開始有些不著邊際了。

只是，自己有著主觀願望是一回事，消費者買單與否，又是另外一回事。結果如何，幾個月後公司開張，就見真章了。

アリス（愛麗絲）

公司商品標籤完成、S先生的商品交貨，包裝盒準備妥當，總共半年的籌劃準備，公司在大阪開了張。

開張當天，我們幾個股東都在場。這家公司既然我出資最多，就算是台資公司。但開張可不像一般台灣企業那樣，香燭紙錢，祭天祭地。關先生知道台灣人習俗，問我何不比照辦理，或者起碼也該請教台灣師父，揀個良辰吉時開店。

「我不信邪。」我答道。

關先生笑著說我「格好良すぎる（太帥了）」。言猶在耳，開張第一天就讓我嚇破了膽——沒半個訂單。

我在東京仍有系統專案要做，只能在開張的第一天與員工同在現場，隨後即放手讓員工在大阪奮鬥，我自行返回東京，等待捷報。

第二天也一樣，零訂單。

就這樣持續了一週，僅接了兩份訂單，一份來自職場舊識，一份來自我自己的台灣網友，其他沒了。可以說，這家新開張的網路店面，還沒有自己拓展新客源的能力。

關太太之前任職的公司，是日本「樂天購物網」名列前茅的熱銷商店，規模不小，與我們這種新開張的小店鋪，操作方式根本不同，關太太在前公司習得的經驗，無法複製移植。另外幾名員工，也是困坐愁城，一籌莫展。

從網購系統下載分析數據。數據上顯示：點閱人數少得可憐，一天只有兩百多人。一般的統計，日本樂天網大約一百人可以獲得網購消費者一次垂青光顧，點閱數本來就少，再加商品數僅有十多件，想贏得訂單，無異癡人說夢。一個月之後，成績揭曉：僅僅五萬日圓的業績，連付辦公室房租都不夠。如此下去，公司資本很快燒光，我們只有坐吃山空。

我開始意識到：這是一場前所未遇的艱苦商戰。我與關先生夫婦整日訊息往來，討論著如何打開困境。作上班族有上班族的苦惱：如何應付上司、如何完成任務，但這回不一樣，每日清晨睜開眼，見到掛零的業績，一種「不知明日何在」的恐懼感，撲面而來。我這下知道了，這叫做「焦慮」，大凡公司老闆都會經歷的心理狀態。

我在自己的臉書專頁上，繼續以詼諧的筆調，談著我在日本生活的種種，偶爾試著在網上招攬生意，內容照樣寫得趣味：

「本人所經營的仕女服飾購物網，大打折：原價八千日幣，本人穿過的，七千日幣；您穿過再送來給我穿的，另贈兩千日幣。」

台灣網友對這類笑料頗捧場，留言按讚不絕，但對公司業績成長，無甚助益。

台灣的遠水救不了日本的近火。

第二個月份照樣毫無起色。我與關先生談起來，愈談愈灰心，長久以往，別說是經營夢碎，就連手邊的系統顧問工作，也因為我的心不在焉，遲早賠上。

「関さん、いまやめても大丈夫かな（關先生，現在抽身，可否）？」我亂了方寸，開始有了退縮的想法，我產微業薄，開公司旨在小試，如今卻成了錢坑、無底洞。人生第一次踏上日本的國土，是領著日本的國費（交流協會獎學金）作留學生，無憂無慮地領了三年；如今看著這燒錢的速度，似乎要把我當年領到的日本國費全數返還，還再貼本。所謂「得便宜處失便宜」，我簡直就成了古時「三言二拍」章回小說中的活見證。

關先生要我「再觀察一陣子」，我們開公司正逢淡季，本來就不可能指望開店初始，業績便一飛衝天。即便如此，這業績之冷，直教人膽戰心寒。關先生始終是我的貴人，我們曾經一起作系統專案，一起面對各類挑戰，在很多事情上有志一同。但開公司這事情，是我們從未經歷過的關卡。這是個難關。

我試著不去關注每天的業績，此時此刻，上網看業績只是自尋煩惱。但公司何去何從？幾名信任我們，投奔我們的員工，又該怎麼辦？

認識我的台灣朋友，知道我經營公司，逢我就稱「侯董」，殊不知虧錢的「董仔」，身價可是連個工讀生都不如。但敢在日本開公司，似乎就註定在人眼中春風得意。

這下可好，我就住在東京「江東區」，弄得我連「江東父老」都見不了了。為了安父母心，我打電話回家，總是報喜不報憂。今天有一個訂單，昨日掛零，兩相比較之下，業績即是「成倍成長」，「爸媽，我的公司業績成長了百分之百」，就這樣，吹牛度日，度日如年，作著不醒的黃粱夢。

有一天，我打開電腦，查看郵件。網購客戶若有訂單進來，訊息會即時發到我的郵箱。一如往常，沒有新訂單。唯一留在郵箱裡的，還是五天前的一份訂單，這是五天來的唯一一份。

我百無聊賴地翻了幾頁，眼看再無啥新發現，抓著滑鼠，找起了「垃圾信箱」。廣告信及其他不知來源的信，都會自動分類到此。旅遊資訊、銀行貸款、信用卡促銷、推銷壯陽藥……，不一而足，我就當是打發時間，邊看邊刪。但有一封信的標題，吸引了我的眼球。

「侯さん、お久しぶりです（侯桑，好久不見）」

發信的人，似是認得我。我打開之後，細讀內容，不覺驚叫出聲：「アリスだ（是 Alice）！」

這得從我幾個月前的一次逢場作戲講起。為了客戶系統成功上線，我與幾名日籍顧問同事一起參加了客戶在東京「五反田」辦的慶功宴，宴後，同事們三三兩兩走出餐廳外，幾個同事仗著幾分醉意，提議要去小酒店來場「二次會」。

日語所謂「二次會」，即台語的「續攤」，指正式聚餐結束後的餘興。小酒店有年輕女孩子陪酒助興，成了男人們「二次會」的好去處。這類地方花費不大，但多了年輕女孩子陪聊陪唱，讓男人心靈有了臨時的靠岸港。只是，與日本人參加這類聚會，看似相處得一團和樂，但以為幾杯黃湯下肚、侍女在懷，彼此就建立起「革命情感」，這是過度期待。與日本人再怎麼把酒言歡，翌日回到職場，一切打回原形，上下關係依舊是上下關係，絕無便宜可圖。

「本気で言ってるの（你認真的）？」我問道。不待我猶豫，兩名同事，吉川與藤原，拉著我，就往附近巷子裡鑽。看來都是識途老馬。我們走進店家，服務生見到我們，早已是滿臉堆笑，兩名同事對店裡的人，連招呼都打得像例行故事。

「你們兩個沒事就來這裡？」我忍不住問道。

「まあ、そういうことにしておこう（反正，你就當是這回事好了）。」藤原似笑非笑地答著，跟著服務生，帶著我熟門熟路地進了店裡。

店內早坐著幾桌酒客，談笑聲此起彼落，卻沒有那種酒池肉林般的喧譁，這一點倒是出乎我意料之外。一名服務生笑臉迎人地遞上熱毛巾，口說「いらっしゃいませ（歡迎光臨）」，另一名店員遞上香菸，用的還是早期一開即點的打火機。

「今日はもう一人連れてきましたので……（今天多帶了一個人來）」吉川開口說道，指著我。

「よろしくお願いします（請多多指教）。」我行禮如儀，店員趕緊回禮：

「謝謝您今天光臨我們的店。沒特別指名吧？」

「沒有，第一次來。」我說道。店員說聲知道了，轉身離去。店裡標示著「指名料」，如果需要指定女孩，得額外收費。初來乍到，自然沒有可指名的對象。吉川與藤原身邊，早就各坐了一個妙齡女郎，暢飲了起來。我叫了杯烏龍茶，獨自喝著。

「初めまして。アリスです（您好，我是愛麗絲）。」背後傳來女孩子悅耳的聲音。我回頭一看，嚇了一跳。比起吉川與藤原身邊的兩位，這位愛麗絲美得出格。俏麗的短髮、完美的身材，像是店家刻意安排的紅牌強打，旨在吸引我常常光顧。

愛麗絲落落大方，一逕地坐在我身邊。美女在側，反而讓我不自在起來。

「あら、近いですか（啊，坐太近了）？」愛麗絲意識到我的尷尬，又把身子挪過去了一點。

「不，不是的。」我忙不迭地想解釋，卻發現怎麼說都不對，兩人就這樣隔著一個人的距離，開始閒聊。日本酒店的原則是不許酒客動手動腳的，保持距離與不保持距離，差別並不大。

「我……其實是台灣人。」我開始自我介紹。愛麗絲瞪大了眼睛，說道：「您是台灣來的客人？」

「我一直住在日本。」

「這樣呀，您日語說得真好。」愛麗絲邊說，邊把冰塊放到我杯子裡。知道我不喝酒，她將烏龍茶倒入杯中，與我「乾杯」。

愛麗絲很能聊，酒店小姐是聊天的專家，甚麼話題都能聊上一點。愛麗斯說，她今年三十出頭，畢業自明治大學，先是做了一陣子上班族，覺得沒啥意思，隨即來酒店打工。我聊聊我的工作，聊聊我來日本遇到的新鮮事，兩人很快進入狀況。

「為何想來酒店？」愛麗絲問道。

來了！這話正中我下懷。我故作羞赧貌：「因為……沒見過日本女人。」

「胡說！」

「真的。見到妳之後，我才發現，原來日本女人眉毛是長在眼睛上方。」

愛麗絲大笑，半天岔不過氣來，好不容易靜下之後，反問我：「台灣人眉毛不也是長在眼睛上方？」

「喔，不是，那是台灣人的頭髮。我們眉毛長在頭上。」

接下來，又是足足一分多鐘，愛麗絲笑得無力回話。我喝著茶，等著她「冷靜」。

「好，你別驚訝喔……這是日本人的鼻孔！」愛麗絲指著她的嘴巴道。我故作驚訝貌，眼珠瞪得大大的，盯著愛麗絲看。愛麗絲見狀，又不行了，再度笑倒在一邊。吉川藤原兩人，不時瞅著我這裡，看看我到底施了甚麼法術，初來乍到即把小姐逗得這樣開心。愛麗絲愈談愈起勁，要我留下通訊地址。我們交換了LINE，還拍了合照。

就這樣，兩人笑鬧得跟個孩子般。不久，店員告知愛麗絲時間將到，就要「轉檯」。

「我買她下一節。」我交代店員道。愛麗絲稱謝，兩人繼續聊天。客人來酒店，有女孩作陪，放鬆心情是目的，談得開心是當然，談得投緣便是意外。今天簡直是意外中的意外。

只是，這種女孩所作的職業，日本稱為「水商賣」，即收入時有時無，客源生張熟魏，生計純粹看客人的打賞。在過去，連作家、畫家這一行也被稱為「水商賣」，現代則幾乎專指這類風月場所的工作。我與愛麗絲談得興致再高，對她而言，不過工作耳；對我而言，不過餘興耳，不能認真，不能認真……。

我胡亂想著，不覺又到了時間。兩個同事催著我走。

「我要走了。」我對愛麗絲使個眼色，整理了一下上衣。

「等一下，」愛麗絲道：「我陪你到電車站。我剛好也要下班。」

愛麗絲的熱情讓我喜出望外，但冷靜想想，聽說酒店女孩陪著客人外出，也算「營業活動」的一部分。愛麗絲如此熱情，為的只想與我長期維持主顧關係，也非不可能。

兩個同事見狀，各自心照不宣，先行買單走了。我在店內，等著愛麗絲換好衣服，我買好單，兩人雙雙走出店家。

「今夜楽しかった（今晚真開心）！」愛麗絲一出店門，即高興得大喊。

「楽しかったね（開心呀）！」我也附和道。

兩人沿著巷弄，走向五反田車站。那晚，月色橫空，北國雪風飄蕩，愛麗絲頂著冷風，一隻手插在口袋裡，另一隻手仍伸出來，挽著我的手臂。這是個儻來的溫柔，我心裡清楚得很，只要走到了車站，兩人各自搭車回家，今晚的一切，全歸鏡花水月。

過了馬路後，「五反田駅（五反田站）」四個偌大的字逐漸清晰。她搭「東急池上線」，我搭「山手線」，我們至此分道揚鑣。

「それじゃ、また（那麼，再會了）。」我說道。

「ちょっと待って！それだけ（等一下！就這樣）？」

我意會了。看來，「儀式」還是不能少。我把她拉到人煙稀少處，她閉上了雙眼。我猶豫半晌，隨即在她額頭輕吻了一下。

我突然發現她雙頰淌下了眼淚。

「それじゃ泣いちゃうよ（你這樣，把我弄哭了）！」愛麗絲哭成了淚人兒。看著這景象，我慌了，不知道甚麼地方觸動了她的悲傷情緒。我只能抱著她，嘴裡一句安慰話也說不出，剛剛還談笑風生，如今卻變得跟啞巴一樣，只有任她在我懷裡哭著……。

這一幕衝擊太大，我至今仍時不時想起來。之後與愛麗絲訊息往返，我刻意不去提這段，就怕她累積的悲傷情緒，不是我能承受的。

隨後的日子，兩人每天訊息溝通，認識逐漸加深。但幾件事情始終不解：愛麗絲似乎兼了很多差，為何需要兼差，是個謎；晚上的酒店，並非她主要工作。事實上，她一週也難得去一次；既然如此，真缺那每週一晚的陪酒收入？這也是個謎；自那晚以來，愛麗絲以種種理由婉拒了我的邀約，兩人似乎又回到了單純的主顧關係，她又不乾脆屏絕訊息往來，這仍是個謎。愛麗絲身在重重疑雲裡，但我既然只是她的酒客，也就不便與她一一探究。

愛麗絲發來的訊息，總帶著抒情的文字，不愧是明治大學文學部的，讓我自嘆弗如。我自認為在日文上無法表現得淋漓盡致，臣服之餘，想到了一篇遁詞，以日文發給了她。

「中國有個才子，見到一名不識字的婦人，寫信給遠行的丈夫。信中無一字，只有滿紙圈兒。問其緣由，告曰：單圈兒是我，雙圈兒是丈夫。濃情蜜意，俱在圈內。

才子心有所感，寫下了《圈兒詞》一首：

相思欲寄從何寄，畫箇圈兒替；話在圈兒外，心在圈兒裡。我密密加圈，你須密密知儂意。單圈兒是我，雙圈兒是你，整圈兒是團圓，破圈兒是別離。

還有那說不盡的相思，把一路圈兒圈到底。

我再識多見廣，以日文表達，總要略輸妳一籌。有口難開時，辭不達意時，恐怕也得落個滿紙圈兒。到時，請妳了解：這是我情溢乎詞的表現。」

訊息寫得樸拙，刻意將我文采不如她的理由，推給了「日文不熟稔」。但這個訊息似乎讓愛麗絲玩味很久，過了半天，她回覆如下：

「侯桑，這故事太好了。我不知道中國有這麼動人愛情故事，看著我又忍不住掉了眼淚。

說實在，你日文很好，甚至在我之上，你的日文表達常常都出乎我意外。我很慚愧。

不用擔心你的詞彙不妥。真不行時，用你知道的話來說，我都能懂。

我也學著畫圈好了：○○○……。」

隔了不久，愛麗絲再發來一個訊息：「我們再見面好嗎？」

愛麗絲總算提出了見面要求。

「好的。你方便的時間地點，我都能配合。」我回覆。

愛麗絲傳來了一個笑臉。

但之後幾天，音信兩杳。我再無愛麗絲的訊息。

愛麗絲就此消失。

再見千佳

愛麗絲消失之後，我獨自一人試著到當初上班的店家去找她，被告知她已經很久沒來。我從此悵然若失一陣子，但畢竟與愛麗絲不曾有過甚麼纏綿繾綣，時間一久，心態也就回歸正常。只是，從她富有感情的訊息文字來看，我始終相信，她必然還會再出現。

如今，她果真再度現蹤，而且發信到我的私人郵箱裡，我很是意外。當初在店裡給過她名片，名片上有我的電子郵件地址。她保有我的名片至今。

我回覆她：「我很好。」

這麼多日子，我當然很想弄清楚她何以在兩人逐漸升溫時不告而別，但我已經學著不去觸碰她不主動提的問題。

「知道你很好，我就開心了。有件事情，想請你幫忙，能打個電話跟你聊嗎？」

「幫忙」？讀到這封回覆郵件，一種嫌惡感油然而生。她之前只把我視為酒客，說走即走；如今又把我視為幫手，想來就來。這個日本小姐未免把我這個台灣人當作易與之輩。只是我猶豫掙扎了半天，想弄清重重謎底的好奇心，大得我無法遏抑。

「好的。」我回覆了。

當天晚上，她便打了電話過來。

「侯さん、元気（侯桑，還好）？」是愛麗絲的聲音，但有些陌生。我沒和她在電話裡說過話，接電話的同時，心中試著建立聲音與她本人的連結。

「元気ですよ（很好）」我回答道。

「よかった（太好了）！」

沉默半晌後，愛麗絲接著說：「我很對不起，當初說了要見面，我就此消失。如今到了有事時才找你。」

「沒關係。」我故示大度，心中卻提高了警覺。

「我們沒連絡後，你大概把我 LINE 封鎖了吧？我再找不到你，只能發電子信給你。很抱歉。」

我笑了笑，等她繼續說。

「我本名是 SATO CHIKA，最近，為了公司商品要賣到中國，一直想找個好的中文翻譯。我沒有別人可以信賴，只能找你……。」

SATO CHIKA，後來始知她漢字名為「佐藤千佳」。我當初與她魚雁往返甚勤，卻連她本名都不知道。我猜測：千佳，也就是愛麗絲，現在規規矩矩上班，所以當初斬斷與我的關係，為的就是不想與風月場所的客人有任何瓜葛。想到此，千佳當時為何突然消失，完全可以理解了。

千佳說她這次真的有求於我，非得見我才能商量細節。

「愛麗絲，不，千佳，妳約個時間吧。確定好時間地點，我們見個面。我不一定能幫妳，只能先看看再說。」我答道。

千佳答應了，順便要我把她再加回 LINE 連絡人。不論她要我幫甚麼忙，我已經拿好主意，見招拆招，不可能唯唯諾諾。

我們約在週五晚上，「神保町」電車站。那晚下著雨，我工作完後，到「神保町」，才發現地點就在明治大學校園附近。千佳也踏入社會好一陣子了，對於母校生活還如此依戀？我坐在咖啡廳躲雨，胡亂地想著，等著千佳現身。

雨愈下愈大，她有過爽約的紀錄，這讓我提醒自己，絕不可再次墜入溫柔陷阱，但過了十分鐘，望著傾盆大雨，我越發不安。一之已甚，豈可再乎？難不成我又被她耍了一次？

「對不起，工作延誤，二十分鐘後到。」

千佳傳來了訊息。這讓我稍微安心。現在是週五晚上七點半，看來她這個上班族比我這個系統顧問還忙。我回覆她，除了告訴她我所在位置，還叮囑她「路上小心」。至於一開始「不可再度陷入」的心理防衛，如今也繳械了一半。

二十分鐘後，她翩然而至。這是第二次見面，俏麗短髮讓我隔著咖啡廳落地窗一眼即認出她來。我揮手招呼。

「お待たせしました！お久しぶりです（久等了，好久不見）！」千佳走到我坐位邊，問候我。

我示意要她先坐下。為了之前的不告而別，我刻意作出木然表情，但心頭的話脫口欲出：「妳讓我等得好苦」。

「お久しぶり（好久不見）！」我回禮道。我問千佳想吃甚麼，千佳說她已經吃過。於是我幫她點了一杯熱紅茶，兩人開始進入正題。

「妳們公司要賣到中國的東西是……？」我啜一口咖啡，便開門見山問道。

「豐胸霜。」她毫不遲疑地回答，聽得我差點沒把口中的咖啡噴出。

「冗談ではない（不是開玩笑）？」我追問道。

千佳表情極其認真，從皮包中拿出了一份資料。有精美印刷的海報，還有使用者見證，看來賣的是「豐胸霜」不假，至於效果如何，從她苗條的身上，看不太出來。

千佳拿出手機，給我看了她們在購物網上的產品。她說，這產品每月銷售額數千萬日幣，從訂購者的留言看來，愛用者確實不少，與我那可憐的服飾網購相比，差別如同天壤。我這下全信了。她確實是在做產品銷售。

「妳在公司擔任的是甚麼？為何產品的海外推廣，由妳負責？」

她猶豫了半晌，道：「我……其實是公司老闆。」

我頓時有如天旋地轉。搞了半天，幾個月前，一個身價數億日圓的女老闆坐了我的檯、與我有來有往打得火熱。我自以為這次面對她，心裡早打好了預防針，必可立於不敗之地。殊不知她底牌一掀，讓我連招架之力都沒有，心底被一堆「なぜ（為何）」淹沒。

「很訝異？」千佳問道。我力圖鎮靜，但半天找不到適當的話。

千佳說，她們的商品已經在上海新天地設了販售點，買的人不少，就是還缺個完整的中文產品說明。「要翻譯，我別的人也不信，就信你的。所以找上了你。」

「謝……謝謝。」

千佳看著窗外，突然像是想起甚麼。

「我們到台場去好不好？現在雨不那麼大了，我喜歡那裡的夜景。」

我們結好帳，要步出咖啡廳前，千佳自包裡拿出一盒口含錠，給了我一片，自己的一片卻掉到了地上。

「等等，沒關係。一、二、三……。」她邊數，邊把口含錠自地上拾起：「這叫做『五秒法則』，日本人都知道，五秒以內撿起來的東西，就不是髒東西。」

千佳真把口含錠一口含在嘴裡，表情天真活潑，似乎很興奮。她果真是個女老闆？還是個小女孩？我不知道今晚能解開多少關於她的謎團。

兩人走到路口，千佳攔了一部計程車，直奔東京台場。

「翻譯的事情，請你幫忙了。有甚麼話，到了台場再說。」她在計程車內說道。我點點頭，兩人無話。

車子接近台場時，台場那座醒目的摩天輪，遠遠地閃著霓虹燈，似是對著來客招手。沿著高架道路，車子盤旋而下。

「我第一次來日本出差，就是在台場，如今也有好久沒來了。至於和女孩子單獨來，倒是第一次。」我忍不住道。無論今晚與千佳談出甚麼來，我都得要謝謝她。台場是東京的情侶聖地，天氣好時，情侶雙雙對對，坐在海濱的木頭台階上，幾乎每三米就隔著一對。日本人的團體意識，會讓他們在任何場合形成有次序的默契，連戀愛中的男女也不例外。這同時也讓任何形單影隻的人，望之卻步。我大男人一個，除了公事，是找不到造訪台場的動機。

她笑而不語。計程車駛到台場海濱公園，兩人下車，已是晚上十點多，再加上微雨，我們只有隨意找一個無人屋簷，揀了張長椅，坐了下來。

她望著海，讓風吹撫了半晌，總算把那陣子她在內心祕而不宣的事情，一一說出。

「我當年明治大學，其實沒念到畢業，就辦了休學。當時，我交了一個男友，男友是個有名的化妝師。我與他同居，他說他要有自己的事業，我於是休學，全力支持他。」

「妳這樣……父母很不捨吧？」

她苦笑道：「父母很不諒解。我至今想起，都還後悔……。」

「這個事業，就是妳現在經營的公司？」

她點點頭。接著說：「這是他與朋友開發的產品，當時日本市場還沒這類產品。我們請了專門機構認證，知道這產品一定能熱賣。我全心全意投入，幫他把公司裡裡外外都管理好。」

「公司做得不錯？」

「做得不錯，公司業績一直成長。就在一切都上了軌道後，我和他關係有了變化……。」

說到此，她停頓了一下。想必是段不堪回首的過去，我不刻意催她說下去。

「他有了女人。是個酒店的小姐。」千佳緩緩地道出。

她說，男友趁她出差，把女人帶來兩人同居的屋子裡，因此留下蛛絲馬跡，讓她察覺。她受不了打擊，堅持搬出，兩人就此分手。

千佳由於掌握了產品配方，於是在網購市場另起爐灶，做得有聲有色，躋入日本樂天銷售網熱銷商店，開創了自己的事業版圖。她一個人的能力，撐起了一片天。

「但妳心中一直有陰影：為何妳如此犧牲奉獻，支持一個男人，他卻背叛了妳？」

千佳笑了笑，思索了一下，道：「ちょっとね（是有點）……。」

她對男女感情從此不抱希望，決意單身，讓自己始終忙碌。她有美容師執照，除了公司業務，還接了不少為藝人化妝的差事。這就是我始終覺得她白天晚上忙得不可開交的原因。

千佳還俏皮地透露了一個祕辛：「其他女星我就不好洩漏了，但篠原涼子的皮膚是真美。」

她後來在街上，被一個「酒店仲介業者」搭訕，問其有無興趣到酒店上班。她當然不缺這錢，但基於好奇，也基於想探討「何以男人會愛上酒女」，她決定親自下海。也正因如此，我才能在酒店遇到她。

原來，她雖在酒店工作，不是一個「買得到的女人」，能在酒店一親芳澤，純粹是機緣巧合。

關於千佳的謎，解決了一大半。

「侯桑，我老在說我的事情，對不起。我也想聽聽你最近如何。」她話鋒一轉，問起了我。

我嘆了口氣，道：「我和你差不多，也開了家公司。」

「真的？」她睜大了眼睛看著我。

我點點頭，把我後來成立網上購物公司、開張至今不見起色的事情，與她說了一遍。

「侯桑，你帶著隨身電腦？」她突然像是想起甚麼，問我。我點點頭。

「你把電腦拿出來，我想看看你們公司的網頁。」

我把電腦拿出，電源打開，接上網後，連接到自己公司的網頁。

「我看看……你們的模特兒找得不錯呀，很能貼近一般消費者！」她此時的口吻，完全成了一個網路銷售顧問，幫著我診斷。

這個模特兒，是開張前找的一般人兼差。當時有朋友擔心她非職業模特兒，恐怕不討喜。在公司業績不佳時，所有要因都成了檢討對象，「我們的模特兒是否吸引不了人」，也幾次成為討論的標的。

「女性消費者與男性不同。太漂亮的模特兒，感覺與自己有距離，說服力反而沒那麼大。」她說道。這讓我吃了個定心丸。

「產品嘛……應該很能被日本上班族女性接受，不錯呀！」千佳繼續說。

這也讓我放心不少。

千佳指著網頁的整體設計，道：「色調不錯，也很容易懂，你們這方面用了不少心吧？」

那還用說！產品、網頁，我不禁覺得無可挑剔，甚至還驕傲得很。

千佳又觀察了一下。

「侯桑，你們不是也賣飾品嗎？你告訴你們網頁設計的員工：放些小飾品之類的商品在網頁結帳處附近。」

「為何？」

「知道為何超級市場的收銀機前，要放些口香糖、紙巾這類的商品吧？這些東西金額不高，體積又小，放在收銀機前，提醒人注意之外，也方便人們購買。網頁結帳處的小飾品，就有這種效果。」

是呀！我怎麼沒想到？這倒是可以照著做。我拿紙筆記了下來。

「其他呢？妳看看還能不能改善？」我問道。

她再看了看：「嗯……商品少了一點，但這也沒辦法，你們畢竟剛成立……對了，你們網頁下了甚麼關鍵字？」

「下了甚麼關鍵字？這還用說，無非就是『連身裙』、『蕾絲裙』之類的。」

千佳笑了：「侯桑，你知道你公司問題在哪嗎？你們沒有網路搜尋的專才。」

「這話怎麼說？」我追問道。我有個懂得服飾設計的社長；有個專門應對進退客服；再加兩個網頁設計專家。我們的團隊麻雀雖小，五臟俱全。怎麼就漏了一個「網路搜尋的專才」？

「想要讓網上的客人知道你們，光是這些獨立的關鍵字是不夠的。你得配合你的商品特性，作各種不同的組合。比方說，我的商品，除了『豐胸』，還再加上『方便（手軽）』，搜尋結果就會列在前面。強調『豐胸』的產品太多了，如果消費者追求的是輕鬆達成豐胸，她只要下了『方便＋豐胸』，我們的商品就會跑出來。」

這話確實一語驚醒夢中人！我們以為商品好，網頁漂亮，自有識貨的消費者找上門。經營的是網路事業，用的卻是店鋪掌櫃的頭腦，消費者不買帳，能怪誰？

「網路商戰瞬息萬變，你的關鍵字組合也得時時調整。總之，一成不變，就要等著挨打。」

千佳的話，簡直是句句琳瑯，我在紙上逐條寫下。兩人聊到了午夜一點多，眼看差不多了，我突然想問一個問題。

「我們第一次見面時，還記得吧？妳……哭了。」

千佳聞言，笑了。

「你有一種能力，擅於傾聽別人的說話，這讓我心裡話很容易對你坦白，甚至連心情都瞞不住。那晚，我只是覺得……很久沒被人這麼對待過，百感交集下哭了出來……。」

「真的是這樣？」

「もう、聞かなくていい（夠了，別問了）！」她害羞地道。

千佳的話，我後來反覆玩味，得到一個自己的解釋：我日文再流利，也說不過日本人，某些狀況，顯得「拙於言辭、擅於傾聽」，也非常自然。千佳對我的好感，可能來自誤會。這麼說來，我那陣子對她的一頭熱，也是因誤會而起吧。

我們各自搭了計程車回去。這趟車費，對她這個業績長紅的女老闆而言，不算甚麼；對於我這個還在苦撐的小店老闆而言，那就像是剝了一層皮。

「就當是學費了。謝謝妳，千佳！」我在回家的車上，默默想著。

否極泰來

翌日，我幾乎坐不住，向東京的客戶請了假，隨即打電話到大阪公司，告訴關太太我下午即回大阪，大家開個會。

「どうしたんですか、いきなり（怎麼了，突然心血來潮）？」關太太在電話中好奇地問道。

「我到了再說。我從東京帶些點心給大家，大家要吃啥？」

就這樣，我簡單收拾了一下，就從東京搭新幹線赴大阪。我在列車上反覆溫習著千佳傳授的重點，思考著自己有無再行發揮之處。

日本不似台灣，臉書不那麼普及，想藉由臉書這類的社交網站推波助瀾造成口碑，難度偏高。此時，「關鍵詞正是關鍵」，也就是引爆點。這是網路商戰運籌決算必爭之地。但這樣懂得網路商場操作的專才，在日本各公司都是奉之如「國師」，不是我們可以輕易羅致，只有自行栽培。

我反覆琢磨，喟嘆自己徒然虛擲了兩個月時間，讓公司一直處於開門即虧錢的狀態。

「お疲れ様です（大家辛苦）！」到了大阪，我直奔公司，立即放下背包，召集眾人開會。日本人開會氣氛不比台灣，台灣人到了開會時間，仍可見談笑嬉鬧，直到主席正式開始為止；日本人一說開會，員工即聚精會神，初見這樣的陣仗，如臨部隊，讓主持人不認真也不行。

我在黑板上寫下：「キーワード（關鍵字）」

「各位，我考慮了一下，公司業績沒起色，如果問題不是出在產品本身，也不是出在網頁設計，那我們勢必要改弦易轍。」我說道。

「侯桑，你打算怎麼做呢？改關鍵字？」關太太問。

「不，『蕾絲裙』、『連身裙』，這些關鍵字不要改。這是我們的產品。要改的，是關鍵字的組合。」

「這話怎麼說？」

「多增加一些關鍵字！」

「我們也加了很多，『高級蕾絲』、『優質女裝』、『輕便打扮』……」關太太不解地道。

真是個服飾設計專家呀！我不禁暗自笑道。

「侯桑，您這麼說，我想到了……」客服的三木小姐開口了。

「說來聽聽。」

「偶爾會接到客戶電話，問我們有沒有某種場合的衣服……。」三木說著。

「その通りだよ（就是這個）！」我驚呼道。

場合呀，這就對了！若非三木是女孩子，我必然緊抱著她！日本人穿衣，最注重場合，不單為了好看才買。以場合加上服飾，婚喪喜慶……起碼可以區分成幾十種組合，甚至上百種。

「中井桑、川田桑，你們上網搜尋一下，目前主要的『場合＋服飾』組合關鍵詞有哪些，看看我們還能在哪種組合下切入！」

就這樣，一個小時後，我們在網上找出了四十多種組合，一一分析之下，發現了三種「場合」至今少有人注意（此是商業祕密），我趕緊請員工將這些字詞組合嵌入網頁內容中。作業完成，已是下午五時半（公司五時下班）。

我謝謝員工辛勞之後，再對關太太交代一些事情，當晚即搭車返回東京，等待成果。這是我唯一能想到的招數，試之不驗，莫如之何矣。當晚，我輾轉反側，難以成眠。第二天清晨，我打開電腦看，沒有新的訂單，看來新加了關鍵詞的頭一個晚上，毫無變化。

「算了，不看了！上班再說。」我拿定主意，關上電腦，搭電車上班。晚上回到家後，再問公司結果，回報「僅有一份訂單」。我寄予厚望的「關鍵詞組」，沒帶來意想中的轉機。

再這樣下去，我真只有宣告公司破產。我開始想像我在上野公園露宿，或拎個皮箱，一身孑然回台灣的落寞景象。

千佳請託我做的中文翻譯，我花了三天完成，以電子信發給了她。千佳順帶問我業績如何，我沒敢透露實情，只說「頑張ってる（努力中）」。

「侯桑，你沒問題的，我相信你。」千佳發LINE鼓勵道。

「為何我沒問題？」我反問道。

千佳只發了個笑臉，不再回覆。事情至此，連她也只能說些場面話了。

就這樣，噩夢連連地過了一週後，事情有了變化。那晚，只覺得訂單的通知郵件多了起來。先是一小時兩個，接下來五個、七個，到了半夜為止，訂單共計來了二十多個，創了公司開張以來的最高紀錄。訂的商品，大部分集中在我們最有信心的主打商品。關太太與這些女員工的眼光不壞。

我等不及了，半夜即打了電話給關先生：「關桑，要你太太休息一下好不好？一直在賺錢，煩死了！」

關先生知是玩笑，說道：「すみませんね、邪魔して（對不起呀，打擾了）！」

訂單湧進的原因，正因為我們的關鍵詞中，有某類宴會的詞彙，而下週正是日本這類宴會的旺季，這讓我們公司在購物網上能見度大大提升，搜尋結果跑到了上位，也帶動其他商品的熱銷，促成好的循環。我到後來逐漸習慣，日本婦女每逢宴會前，就會爭相購置新裝。日本人的「看場合穿衣」，本身就是個商機。

由於訂單湧進，員工們一齊投入商品的包裝、出貨，幾乎一天坐不到一小時以上。

難得見到的購物者購後心得，也出現了。除了關於商品本身的評價，還多了這些心得：「客服對應很親切」、「包裝用心」，另外還有「收到商品時，看到附帶的小禮品與卡片，真感到驚喜！」

所謂「附帶的小禮品與卡片」，指的是我從台灣帶來的小飾品，作為開張誌喜，大方送給每一個上門的客人。在日式服務中，來一點台灣老闆「阿沙力」的作風，兩者相加，大概合了日本消費者的胃口。在這個以「服務品質」見長的國度，我們居然也有了「服務好」的口碑。

那一個月，公司總算能付出人事開銷，我無需再墊錢。僅僅為了這一個稱不上成績的成績，公司上下歡欣鼓舞，開了一場慶功宴。我也從東京趕來大阪為員工祝捷打氣。

宴會上，關先生調侃我道：「侯桑之前還說要跳隅田川哩！」

我不好意思地說：「隅田川離我住的地方近，不太花車錢嘛。」

大家笑作一團，我破例喝了幾杯，最後，關先生帶頭，大家一起乾杯。

「それでは当社の益々の発展と、社員みんなの益々の活躍と健康を祈って乾杯（祝公司前途無量，同事們健康如意，乾杯！）」

在一片喧鬧聲中，我突然想起了一件事。

我拿起手機，發了個訊息給千佳：「元気（過得好嗎）？」千佳始終沒回覆這訊息。後來也試著再發幾個，她依舊未回，我這才意識到，她八成把自己的人生往前翻了一頁，我被她永遠地翻了過去。

那一年的會計年度結束，公司達到了收支平衡，股東會決定分紅，並為每一個員工加薪。這些日本員工踏入社會以來，薪資每年只有一、兩千日幣的調幅，這次一舉調高了一萬，員工開心自不待言，最重要的是，我既然創業在海外，總不好把「台灣公司」的名聲給搞砸了吧？

以上，就是我創業以來，到公司營運步入軌道的歷程。如今，公司業績仍在成長，辦公室於今年搬到了相隔不遠處更大、更新的大樓，工作空間大增之外，還新聘了員工。化妝室呢？總算是配有「免治馬桶座」的廁所了。但回首開張當初那間小辦公室，真如不動產業者所宣稱的：「適合創業之用」，算是幫我們助跑了「頭一里路」。只是如今那棟舊樓內，還有芳鄰數年也不曾離開，創業成功與否，真是各憑造化了。

幫我們助跑「頭一里路」的，還有S先生。他從開始即願意排除困難，接下我們零星而少量的訂單。我除了讓公司穩定成長，無以回報。現在，我們給他的訂單數量日漸增加，他無須過問，就已經知道我們公司處在成長的上坡路上。

S先生不時邀我去深圳玩，「好的，每年荔枝結果，必然造訪。」我這麼說道。

另外幫我助跑「頭一里路」的，就是千佳了。與她識於勾欄酒肆，兩人相遇近乎鬼使神差，她的面授機宜，幫了我很大的忙。「多少風塵能自拔？」不知她的人生新頁，過得如何。我發給她最後一個LINE訊息，始終停在「未讀」。她用意極為明顯，希望我也展開新頁，不要再戀棧過去。

現在，我已能在東京的電車上目擊到身穿我公司服飾的日本女孩子。日本的流行服飾業，總算有我一個名不見經傳的台灣人，做出了綿薄微小的貢獻。還有甚麼比這個更令人振奮的呢？

父親噩耗

就在大阪公司走上了軌道後，二〇一六年四月，我接到父親過世的消息。那時，我正在東京的客戶處做專案。老實說，我沒有太多形諸表情的哀傷。

冷靜走到 May 的桌邊。May 是客戶的專案經理，一位優雅的香港籍中年女士。我報告了這個消息。

「Oh, I am so sorry！」May 說道。

我很慶幸專案經理是香港人，無需太多的說明，華人養老送終這一套，我與她心照不宣。May 當下批示我立刻整裝回台：「專案的事情，你先不用擔心。」我學日本人，深鞠躬表達感謝。回到座位，訂好了當晚的機票，收拾好電腦，到了東京住處，翻出了護照，隨即整理行李。

回國這麼多次，同樣的動作，在日本這幾年駕輕就熟，即便接獲父喪噩耗，想步驟紊亂也不可得。一小時內，出國的準備一切妥當，即直奔成田機場。

父親得的是帕金森氏症，這個病會造成肢體顫抖、行動趨緩，逐步惡化，無藥可醫。目前能做的，只有控制病情。控制得好的，可以患病二十、三十年而惡化緩慢。父親屬於控制得好的，家中又請了一個外籍看護，這讓我就食海外暫免後顧之憂。但上次探望老父，察覺父親病情似乎惡化加劇。

「爸，你再等我一下，東京這個客戶的案子，五月前能結束，我就來台灣陪你。」我在父親耳畔大聲地說。父親連手勢也做不了，只能點點頭。這是我最後一句說給老父聽的話。這話沒能兌現，一錢不值。

我在飛機上，想像父親臨走前是不是還有甚麼要和我說的。但是，只從家人急促的口吻中得到一點片段消息，判斷材料不足，我想像不出來。

我把電腦打開，翻開了父親親手寫的自傳。自傳兩萬多字，他希望能出版。

我幫他逐字輸入電腦，但印出來的結果，兩萬多字只有寥寥數頁。

「這像是本書嗎？」父親接到我幫他印出的書稿時，不無失望地說著。書是他親手寫的，但他對內容的單薄很不滿意。

「沒關係，我可以幫你傳到網上，看的人更多。」我回答。但我很明白，父親不太懂得「上網看文章」是個甚麼概念。文章寫成，理當成書，不成書的文章無法傳世。

這事情延宕至今，書稿始終停留在兩萬多字，父親也停筆了。如今我的書都出了，父親的書連影子都沒有。父親這輩子沒欠人甚麼，但我們都欠他的。我欠他尤多。光是書的事情，我就沒給他辦好。

「余晉升中校，並於同年獲麟兒，雙喜臨門，欣喜莫名。」

機艙內，燈光全熄，我所坐的這一排，僅有我一人的座位小桌板上，電腦螢幕發著亮。我一頁一頁重溫著父親未出版的「自傳」。一些「自傳」上沒寫的當年事，在心裡翻攪。

我三歲時，父親為了自小栽培我，把我送到了名商巨賈、皇親國戚的子弟才念的台北市「私立再興幼稚園」。以一個窮中校的微薄薪水而言，這幾乎是罄其所有。附近也有讀「再興幼稚園」的孩子，我與一個小女孩「余妹妹」頗相親，兩小無猜，同登校，同玩耍。直到一年的家長會，父親到場，與「余妹妹」的父親打了照面。父親全身軍服，主動上前向余爸爸寒暄，但余爸爸顯然不太領情，冷淡應付了幾句。我當時雖小，卻在人情冷暖上不必要地「早慧」，這一幕讓我記得很清楚。

小學六年級時，班上導師展現民主作風，讓同學選舉出「家長會長」。有個黃同學，本身即品學兼優，父親又是政府大官，早就榮膺了好幾屆的會長。這次即便開放選舉，小學生們按照慣性，投票之下，恐怕仍是黃同學的爸爸勝出。

但我沒把這個「民主投票」當成兒戲。我的父親被同學提名了，我做為他兒子，自然得盡力拉票。沒多久，同班同學之間，開始稚嫩地傳著這樣的耳語：「猴子的爸爸是軍人，真偉大！」「侯爸爸保衛國家，保護我們！」「侯爸爸打過共匪，將來還會光復大陸……。」

「選舉語言」一詞，起碼得在那之後二十年才出現，但我一個小學六年級的小孩，卻已經玩得爐火純青。當時的「侯爸爸」不過是個上校，在小孩子的口耳相傳下卻成了戰功彪炳的愛國將領。當然，這一切，我父親是不知情的。我翻了他的自傳才知道：當時的他，早就因為官途無望，有了退伍的準備。而這也是當時仍年幼的我所不知的。

「爸爸，你當上我們班的『家長會長』了！」

投票結果揭曉那天，「侯爸爸」高票當選。我有些不好意思地告訴父親這個「好消息」。我不知道「家長會長」是個甚麼職位，以為無非就是代表家長，對學校建言，是個榮譽的頭銜。我瞞著父親，為他爭取到了這個頭銜。父親受到這個儻來的「任命」，哭笑不得。

但高興僅僅一天。第二天，對選舉結果顯然不甚滿意的導師，委婉地對著大家說：「各位同學，我看，侯爸爸是軍人，常常要到外地駐防，這次的家長會長，還是由黃同學的爸爸來做吧。」

父親退伍後，為了養家，仍到公家機關擔任雇員。當年我執意留日，父親不惜以家中唯一的老房子為抵押，全力支持我。直到我考上了公費，留學不成問題，父親這才卸下擔子。

父親的頭銜無法躋身大官顯貴，父親的「自傳」也湊不成一本書，只有與我的回憶交織在一起，才逐漸膨脹，成了父子倆曲曲折折的人生歷程。

思緒翻攪至此，我才知道我的冷靜出何而來。我只是一直在思索著：我是如何看待此生認識的第一個男人？與所有名叫「男人」的物種排在一起，極其普通；與所有名叫「父親」的物種排在一起，他也極其平凡；但能叫做「我的父親」

的，只有他一個。

我以他為傲，且驕傲了幾十年。想到此，我蓋上電腦，趴在桌板上，一個人掩面哭了出來。

創業篇後記

我現在正職依舊是個「企管系統顧問」，在日本各大公司為客戶解決系統的疑難雜症，這讓我仍能近距離且長時間觀察日本職場，不時在網上寫些雜文，以饗讀者。如今又多了一重「投資者」的身分，「投資者」除了讓我生活無虞，還讓我寫起文章，多了不同的視角。

我沒甚麼天馬行空的想像力，寫不出波瀾壯闊的篇章，多虧自己有了這些特殊的經歷，使我得以取材於方圓五十里範圍、本於自己所見所聞，「弄筆墨而譜風流，寫官商而翻情致」，塗鴉出一點小才微善的東西，聊供讀者茶餘飯後消遣。

雖說故事各有所本，但為了增加趣味，不免鋪陳一些情節，增加一些人物。有的人物「畫裡真真、呼之欲出」，不得不以假名登場。至於何處情節為真？哪些人物為實？俱無關宏旨，對於有意海外投資創業的讀者、或感興趣於日本職場的看官，必能在故事中，循著曲徑通幽，讀出微言大義。

果能如此，那就是我率爾操觚，唯一有價值之處了。

日本職場

雜談

「派手」的行業

有個初見面的日本朋友，知道我在日本從事的是「外資公司顧問」，眼睛為之一亮，說道：「侯桑，你的工作，在日本叫做『派手的行業』。」

日文裡，「派手（はで、HADE）」意謂「表面光鮮」。演藝圈、媒體圈稱作「派手」，爭議不大，但顧問業怎麼也成了「派手」行業之一哩？

「外資公司的顧問，給人『頭腦動得快、酬勞拿得嗨、女人吃得開』的印象。你們不『派手』，誰『派手』？」

我看這誤會大了，忙不迭地解釋道：我雖然頭銜是「顧問」，說穿了就是個系統宅男，三更燈火五更雞地守著電腦，惟恐出錯。有空就上網閒逛；沒空就上網幹活，凡事離不開電腦方圓十米，與你口中的「快、嗨、開」根本差了十萬八千里。別說「派手」，連「派腳」都談不上。

這個解釋費了很大的勁，總算讓他理解「顧問」也分三六九等，就彷彿狗也分「土狗」與「貴賓狗」，無法一概而論。

在我離開台灣之前，印象中台灣的「顧問」要不老成持重，要不年輕好學，但與上述的光鮮形象，大相逕庭，更別談美女環繞，如〇〇七那般風流倜儻的「度派手（超級光鮮）」。日本顧問抹不去浮華形象，原因何在？

日本各企業都缺「顧問」，一方面，這是人家「重視專業」；另一方面，就是日本企業對於大案子拿不定主意的情形太多。越是大型企業，決定大案子時，費時一年以上醞釀是常態，跨部門再三協商，始終沒有結論，又是常態中的常態。很大原因，來自於日本企業內的「同質性」過高，自中堅幹部以上，多的是在同一公司工作數十年的老骨幹，缺少外部刺激，自然難以變出新花樣。這時，要是有人能出面幫忙整理問題、提供解法，豈不善哉？外部「顧問」的需求就這樣應運而生。

日本顧問有傲人的專業形象，說出的話字字珠璣、做出的文件篇篇錦繡，一個月酬勞動輒數百萬日幣，交往對象非美即嬌，無怪乎予人風流多金的形象。但問題來了：在日本這個處處有檢定、有證照，連漢字能力都有認證考的國家，「顧問」反而沒有認證（我們「系統顧問」是例外，有認證）。沒認證之下，自然就是「你說是就是」。

有看官說：「老侯，你這不瞎扯嗎？隨便來個人，就能自稱『顧問』，你把日本企業都當傻子啦？」

看官，這事情還真不是我瞎說，顧問業界確實存在這樣的「自稱顧問」。這種事情在所謂「經營戰略顧問」中更容易發生。舉個例子：隨便一個顧問來應徵，問他有過甚麼經驗，他說他在某建設公司作過顧問、某公家單位也作過顧問，具體哪家公司、哪個單位，事涉商業機密，無可奉告；問他作出甚麼成果，也事涉商業機密，無可奉告，再加上一嘴舌粲蓮花，說得煞有介事（顧問的基本功），您說，三下兩下被唬倒，豈是怪事？

話說，把日本顧問「派手」形象推到一個高點的，當屬媒體聞人川上伸一郎。川上伸一郎，對外皆用洋名「史恩・K」，這在少用洋名的日本人當中，屬於特例。原來，川上生在美國，父親系日本人與愛爾蘭混血，母親又是日本人與台灣人混血，川上的洋名自然用得理直氣壯。

川上有著一副英挺深邃的西方臉孔，美國天普大學企管學士、哈佛大學企管碩士、巴黎第一大學留學，公開現身時總是西裝筆挺、態度從容，從事的正是人人稱羨的「企管顧問」，且是顧問中金字塔頂端的人種。他所開的顧問公司，總公司辦公室設在紐約，全球七大都市有其分支據點，東京澀谷有其辦公室，一年的營業額高達三十億日幣，還曾著書立說。這樣的形象讓他備受注目，二〇〇九年開始，當上了日本幾個常態電視評論節目的來賓。從一個企管顧問，搖身變成媒體聞人，他算是第一人。

「多金、英俊、聰明」的他，英日文俱佳，評論起事情來，總是要言不繁，條理清晰，每一個與他共處過的節目來賓，不分男女，事後都對他頗有好評。我常想，幸虧我這個顧問一路走來，沒遇過川上這樣的對手與我對壘；真遇上了，只能「老夫當避路，放他出一頭地也」。所以，川上在媒體活躍的那段期間，我還真有些羞於提及自己「顧問」身分，就怕客戶說「川上何人也？爾何人也？」。畢竟人都可以為堯舜，但可非人都可以做川上呀。

這麼一個標竿型的「派手顧問」，二〇一六年三月，突然辭掉一切電視、廣播節目的邀約，從媒體消失。原來，川上被日本雜誌披露，先是指稱「學歷無一為真」，再又指稱「經歷極端可疑」。在經過媒體追蹤挖掘後，始知川上真正學歷僅是美國「高中畢業」，深邃的西方臉龐則是整形後的結果，所謂的「美國出生」純屬子虛，「混血身分」更是烏有。至於那家「年賺三十億日幣」的顧問公司，則是自始就不存在，東京澀谷的辦公室，是位於住商兩用的雜居大樓，與「三十億營業額公司」的形象相去甚遠。至於輔導過的客戶，至今無一家證實。

這些問題一一被揭發後，人們開始重新檢驗川上以「顧問」形象在媒體所做過的評論，發現川上所言，卑之無甚高論者居多，聽似條理清晰，實則不著邊際。一般人只要練得像他這般口齒清晰，一樣也說得出這些八面玲瓏的評論。

川上被揭發以來，至今避不見面，丟下一堆謎團。我個人認為，川上這樣的「顧問」能存在，完全都是投人們所好的結果。日本人都認為顧問理應光鮮，川上正是英姿颯爽；日本人認為西方人夠帥，川上就以洋臉示人；日本人認為顧問就是多金，川上便自稱富甲一方。人們對於「顧問」一職越是浮想聯翩，趁虛而入的假貨就會橫空出世。這也算是心理上的供需原理。

如今，銀幕上的川上消失了，少了一個標竿型的人物，我們在日本從事顧問，壓力也小了一點。日本的顧問業絕非人們想像的這般旖歟盛哉，真有這樣風流倜儻的顧問，您得當心，就怕是另一個川上。

大阪同事與台灣人的神似處

公司設在大阪，系統專案多在東京，大阪東京往來頻繁。與大阪員工接觸多了，有時不免覺得：大阪應是台灣在日本的一塊「飛地」。若非如此，我在大阪得到的「親近感」，從何解釋？

這得從一個小事說起。我有一個日本朋友，學過幾年「漢語」，被日本公司派來台北。單身赴任，晚上閒下來難免靜極思動，就到附近的「理容店」按摩。台北的「理容店」早被政府整頓得差不多，仍提供「特別服務」的店家已經甚少聽說。日本友人對此也是知情，自然不抱任何非分的期待。以他的漢語能力，只要不是涉足險地，一般的生活會話乃至於談價交涉，都能應付。上「理容店」接受按摩服務，對他來講，理應是小菜一疊。

但他還是遇到了糗事。

「談好了價錢，店家引領我到了房間，然後來了一個年輕小姐，說『我們脫衣服吧』。我想：我付的不過是按摩的錢，小姐卻願意在我面前脫衣服務？期待了半天，到後來才弄清楚，小姐口說『我們』，其實就是指我一個，她自己則是甚麼也沒脫……。」朋友笑著說。

我樂不可支地笑了。朋友最後問我：「台灣人說『我們』，不包含他自己的？」

這話問得我招架不住。朋友的漢語程度仍是教科書水平，還正在孜孜矻矻準備大陸的「漢語檢定」，太早告訴他教科書以外的「例外句型」，真怕影響到他的考試。只是台灣人口中的「我們」，確實不太好解釋。大部分情形仍是「第一人稱多數」，但出自服務業人員口中的「我們」，往往帶著「站在客人立場、以客為尊」的意涵，不能被字面拘束。這是教科書上看不到的例外。

我突然想到了：或許拿大阪同事的習慣說法做例子，可以說得清楚。

「知道大阪人在說『自己』（日文：『自分』）時，也不一定意味『自己』？」我說道。

朋友是東京人，由東京人來觀察大阪人的言行，確實是充滿特色。大阪人的平日生活會話中，會有如下滑稽的例子：

「自己今天搭計程車到公司來，總算趕上開會。自己呢？自己今天搭甚麼來？」

大阪人口中的「自己」，既指說話的本人，又指聽話的對方，簡直就是個變形蟲。只要聽大阪人說過一次，就能驚覺原來「自己」的定義是隨時可呼之即來揮之即去，這與台灣人口中的「我們」，既包含自己，又不包含自己，如出一轍。有過被大阪人口語搞得暈頭轉向的經驗，就不該對台灣人的口語大驚小怪。

我以大阪人為例，朋友聽完就如醍醐灌頂，開懷大笑。

其實，真要臚列下來，台灣人的氣質、性格，還真與大阪人七分神似、三分趨近。我公司開在大阪，工作又長期在東京，兩地薰陶久矣，東京人說大阪人如此，或大阪人說東京人這般，在我看來，全都有理。只是我作壁上觀之餘，仍不禁竊笑：一般人所提的大阪人，不正是我們台灣人的縮影？

東京人說大阪人等不及紅燈；我說台灣人的黃燈只做參考。

東京人說大阪食物甚麼都愛加醬料；我說台灣小吃多被甜辣醬滅頂。

東京人說大阪人以買到折扣品為榮；我說台灣人以搶購便宜貨為樂。

東京人說大阪人看到名人就搭訕，彷彿舊識；我說台灣人見到明星也來瘋，如同故友。

東京人說大阪歐巴桑聲大成災；我說台灣歐巴桑喧鬧成癮。

東京人說大阪人與人聊天，動輒勾肩搭背，好不親熱；我說台灣人與人說話，不時摩肩接踵，好不溫暖。

台灣人像大阪人，還像到了纖細部位。

大阪人說話，不到兩句就來個「ホンマ（真的）？」「マジ（沒騙我）？」「ウソ（騙人）？」，這與台灣人動輒愛插上一句「真的假的？」簡直異卵雙生，連理比翼。

大阪人說話，長篇大論之後，最後總得加一句「なんか知らんけど（不知道啦）」，足以把認真聽話的人活活氣死；台灣人說話，到了最後，也是丟一句「不知道，看你啦」，責任撇得一乾二淨，說了等於沒說。

有事請託大阪人，如果得到「考えとく（再想想看）」這樣的答案，您放一百顆心，絕對無「再想」的可能，您的請託就當是馬耳東風；如果從台灣人口中得到「再看看啦」的答案，則「再看」的機率，也是高達百分之負兩百，絕無可能。

台灣人與大阪人如此神似，幾乎到了九十五％，那麼，有沒有不像的地方？

聽說大阪青年男女宴會完後，回家前不說「拜拜」或「再見」，一句「回家去拉屎睡了（ウンコして寝る）」足夠。就差這一句，找不到類似的中文表達。如果台灣人也開始以「拉屎」取代「再見」，台灣人即是大阪人失散多年的手足骨肉，殆無疑義。

漫談日本的「面試服」

台灣學子畢業，有個應景的套語：「又到了鳳凰花開、驪歌處處的時節」。日本學子則不同。我們的鳳凰花開時，正逢五、六月，此時的日本學生，早從學校畢業，正忙著找工作。所以，這話換成日本，就變成了「又到了鳳凰花開、處處找工作的時節」。

其實，要知道日本學生是不是在找工作，不一定要盯著鳳凰花。您只要在東京街上，看著一群穿著藍、黑色西裝、打著領帶，外貌稚嫩的年輕人，您就該心裡有數。這就是日本的求職大軍，剛畢業的學生們如同趕場般，一間公司一間公司地跑，接受面試的挑戰。

這在世界範圍來看，都可說是奇景；對於形同無穿衣文化的台灣人而言，更是匪夷所思的現象。數十萬人的深色隊伍，在日本馬路穿梭，最終儘管各奔前程，但卻在穿著上達成驚人的一致。這背後到底是甚麼驚人力量，形成了這道縱貫日本列島的風景線？

每到求職期間，日本街頭的西裝量販店就會推出「求職西服」，男女都有；書店陳列著「求職指南」，本本皆厚。種種舉目可見的事物，都足以將年輕學子對於求職服裝的搭配，導向劃一整齊的樣式。所以，任何外人企圖找出誰決定了這些單調顏色的西裝，都只能是白費工夫。

我當年留學完即歸國，沒參加過「新卒」（畢業生）的就職活動。但後來再回日本，從事顧問工作以來，為了爭取客戶的專案生意，反而累積了不少面試經驗。關於面試時穿衣的規定，往往只需仲介人一句話：「按照一般商業場合常識」，我就心中有數。在其他國家，「常識」都是出入可也的東西，不帶強制性；在日本，「常識」卻與「規定」無異，想要融入日本這麼一個講究團體意識的社會，一般「常識」就相當於加入這個團夥的暗號。

日本「面試服」的歷史，可以上溯自一九七〇年代後期。在此之前，也有過穿著學生制服就去公司面試的時代；一九七〇年代後期起，學校的學生會與百貨公司合作，推出價廉的西裝，供畢業生選購，從此開啟了「就職服」的濫觴。您要說這是商人伎倆，也說得通。但人要衣裝佛要金裝，求職期間視為踏入社會、學習衣裝打扮的開始，不能算錯。

面試服一度流行過深灰，如今則以深藍與深黑為尚。但無論怎麼選購，布料熠熠生輝者、織紋交錯者，都該避免。總之一句話，顏色愈不搶眼、愈深暗者為佳，有人索性建議：乾脆比照喪禮服飾，有了三長兩短，可以一服兩用。言雖戲謔，卻與實情相差不遠。

這些面試服的「時尚」，全屬「常識」。日語所說的「無難」（即「不出錯」之意，在本書〈作戰會議〉一章提及），在面試服上更成了鐵則，看準風向與潮流，才能保障自己無災無難。

有看官說：「老侯，面試服如此劃一，面試時是否就再無可檢驗的了？」這話問得好，但要回答也繁瑣不易。我隨意舉幾個例子。襪子是否誤配了白色的，是一重點。據說儘管「不宜黑服白襪」的面試須知，俯拾皆是，早成常識之一，但每二十個面試者總會出現一名黑服白襪、特立獨行之俠，冒此大不韙。

女孩子的手提皮包，也得注意。進了面試室，是否仍肩掛皮包，成了檢驗重點。肩上掛著皮包，壓得外套一邊低下，一邊高聳，衣服變形，人便顯得鬆垮慵懶，形象自然不討喜。

另外一點，則是不分男女，都該留心。日本大公司面試期間，難免春寒料峭，西裝之外，披著大衣出門，極其普遍。大衣到了面試場所的大門外，就該脫去。如果進了面試室再脫，即造成準備不周、匆促上陣的觀感。

其他如髮絲紛亂、頭皮屑未清，更容易予人邊幅不修的印象，不可不慎。

「人不可貌相」，這僅僅只能停留在道德說教，對於大公司一日閱人上百的面試官而言，完全卻沒有可操作性。試問：數分鐘內就要判斷出人才良莠，不從外表著手，又該如何進行？關於這一點，還有學理做佐證。有的數據顯示：對人印象，在入室五秒之內，即大勢已定；也有心理學家指出：人們說話所形成的印象，內容重要性僅占七％，其餘九十三％皆是外表語氣。上述數據都指向一個事實：外表至關重要，再怎麼高估都不為過。日本嬌生公司的前老闆新將命先生，對於自己以第一眼印象取決人選，很有把握。他曾這麼說：「我至今面試過數百個求職者，以第一印象判斷，看走眼的僅有兩次。」可以這麼說，愈是位高權重者，愈對自己以貌取人的能力有著無可救藥的信心。任何把外表打扮泄泄以視、或者迷信自己「曖曖內含光」的人，都該趕快回頭是岸。

根據上述說法，日本人面試儘管衣裝趨同，但面試官就是要在看似整齊劃一的外在表現中，物色出具備鶴立雞群特質的新人，這大致也是五秒之內分曉、重要性卻達九十三%。這些屬於主觀評價的事情，爭辯無益，只有從善如流。

如果上述的注意點都已經樣樣兼顧，無可挑剔，那外表打扮就到了及格線，別說是就職面試，就算是訪客洽商，也起碼達到「無難」的標準。接下來的就是「加分項目」了。比方說，脫下的大衣，是否裡面朝外，掛在手腕上入室？入室時是否懂得帶上門，高聲報名？與面試官對談時，是否懂得眼睛注視對方？這些小地方多做幾項，就多撈幾分。

面試完後，可別就此掉以輕心，走出面試場外山呼萬歲。要知道，聽說有些堅持「五常百行、不欺暗室」的面試官，連面試者的背影都要檢驗。面試者前腳走離，他後腳在窗台觀看，一一收入法眼，讓面試者吃了暗虧都不自知。

當然，凡此種種，都是最嚴格的設想，不見得每家日本公司的面試官都如此刁鑽，但預先知道何時何地可能會有一雙眼在盯著看，也是明哲保身之道，您說對吧？

關於面試服的重要性，我就說到此。最後容我說一點感想：美國紐奧良大學教授麥可・勒巴夫的研究顯示，「予人一次負面觀感，隨後得八次正面印象才能挽回」。面試就一次，哪有甚麼八次捲土重來的挽回機會哩？所以，比起日本人就職面試的如臨大敵，您說，我們台灣人在衣裝打扮上，是否都把面試或其他正式場合，看得太漫不經心了？

日本人的「空氣」，是以「粒子」為單位

看官多少都知道了：日本人相處，極為重視當下的「空氣」。大家正開心時，您不好提難過的事情；大家正悲傷時，您不好自己一個人偷著樂。察言觀色，是不二法門。

有看官說：「你說的無非就是一般人應對進退的相處之道，哪有甚麼『日本人的空氣』？其他國家的人不也如此？」

這就是看官有所不知了。日本人重視空氣，是以「空氣粒子」為單位，絕非我們這種粗枝大葉地概括一番。

舉個例子。就拿閒聊而言。大家聊公司內某男某女的戀愛八卦，聊得正開心，您於是也想貢獻一點話題，想到了自己搭車摔跤的糗事，於是開口道：「您們知

鈴木さん

お疲れ様です。

横からすみません。

Excelファイルだと対応不能ですので、

CSVにしました。

侯

道嗎？那天我趕搭電車，哈哈，踩到了香蕉皮上，摔個狗吃屎……」您要是察覺您的話題無以為繼，現場空氣凝結，您就該檢討：您急欲推銷的「摔跤糗事」，與大家正在聊的「戀愛八卦」，不發生一點空氣上的連結。儘管都是為了博君一粲，但突然沒頭沒腦地插話，足以讓在場日本朋友頭腦打結。

如果您實在想講、不講就發癢，一個辦法，就是先來段宣言：「済みません、話は変わりますが……（對不起，我換個話題）」，再接著您想講的話。

我個人認為，對於想到啥就說啥的民族而言（泛指日本人以外的民族），這句「済みません、話は変わりますが……」實在很難翻譯。您說，「對不起，我換個話題」，是我們平日會話中常用的套語嗎？這話置入中文會話裡，說有多怪就有多怪。但是在日文中，這個句型就非用不可，不用，則社交會話很難成立。

在公務的電子郵件往來中，也有類似現象。張三和李四在郵件往返，談一件公事，副本（CC）也發給了您，您發現自己在這件事上也能出點意見，於是劈頭就插進去，回覆張三或李四的信，這可不可以？

答案是：這也是不禮貌。

這要說起來，就是張三和李四正在聊天，您不過就是旁聽，卻想插嘴就插嘴，自然惹人嫌。為了避免失禮，插入前先來一句：對不起，我從旁插進（横から済みません），才是穩當的做法。

所以我說，日本人的空氣，是以「粒子」為單位。一片歡樂的氣氛，不見得就能談所有歡樂的話題；滿是公事的交談，也不見得就允許您隨時出個主意。「對不起，我換個話題，從旁插入」，初學的看官可以學起來保身。

比「給香蕉只能請猴子」更嚴重的問題

前一陣子，敝人在大阪開的小公司，有一名員工提出辭呈。員工的男友開公司了，她得去幫忙，我們是留不住人了，好聚好散，祝她鴻圖大展。

但是，一個員工的離職，對於小公司而言，確實是個極大的打擊。您道這打擊有多大？她一走，等於公司走了四分之一員工，形同一張桌子崩了一腳。這名職員負責的是「客服」，在日本這個極端講究服務品質的國家，缺乏客服人員，是能輕鬆宣告一家公司死刑的。

我陷入愁雲慘霧。最近日本職場處處缺人，我這家好不容易湊齊人手的公司，又要邁向漫漫地徵才長路。

日本企業服務精神好，可說是大家有口皆碑。您要是冷靜分析下來，好的服務品質，其背後仰仗的，就是好的人力素質。人手不足，無以語服務。這在您踏入日本機場的那一霎那即可感受。領取行李處，總有人為您擺放整齊；搭巴士到市區，上車時有專人放妥行李、下車時有專人交付行李；到店家吃飯，不論大小飯店，總有店員帶位；打電話洽商，不少仍是真人對應；宅配服務，可以由客戶任意指定時間帶……您無論對日本抱著多大的成見，所謂「伸手不打笑臉人」，只要來過一次，看著這些日本人在崗位上兢兢業業、笑臉迎人，少有人不一掃成見、滿意而歸。

但這背後支撐的，卻是人，一個一個的活人。與日本各產業建立的高科技形象相反，日本的服務業純粹是人力堆積。所謂的「人手不足」，是句道地的日文，人不足，幹活的手自然不夠。不夠到了連「貓的手」都想借幾隻，這句日文俗語「猫の手も借りたい」，就是這麼來的。只是日本職場缺人，在少子化的大環境下，成了慢性病，大公司找不到人，小公司更是找不到人。這不是我的杞人之憂，反映在數據上正是如此。您要是看「接客・給仕（服務餐飲）」業的「有效求人倍率」，東京都或關東區域一帶，動輒達兩倍以上，即兩份工作搶一個人，也就是一個人等兩份工作。您說，這叫業主如何不急如星火、叫員工如何不優哉游哉？

人手不足衝擊了餐飲業。前一陣子，國內媒體也報導了「日本速食店關了好幾家二十四小時營業店鋪」。事實上，日本深夜勤務的速食餐飲店，工錢漲到了一小時一千五百日圓以上，單價比補習班老師的平均時薪都高，照樣找不到人。我住處附近的一家「家庭餐廳」，無論深夜何時去光顧，總有個笑臉迎人的中年服務員，我一納悶這位先生脾氣好得過分，二納悶這位先生工時長得嚇人，後來才知他是這家店的「店長」，員工不足，他自然得持續陪笑臉、不下崗。

人手不足衝擊了宅配業。日本 Yamato 宅配，今年三月的營收較諸前期少了十五%。由於缺人缺司機，根據之前在 Yamato 工作過的日本朋友說法，就連系統開發人員也被調用來充當司機，簡直成了二戰時期的「學徒出陣」。Yamato 為了挽回人才，一改過去做法，任員工報加班時數，公司照付，金額可能達到數百億日圓之譜。

人手不足衝擊了教育界。東京都的中學，連副校長這樣的職位都缺了一百二十位。學生的社團活動找不到兼任指導老師，只能商請外頭的講師，真可謂羅掘俱窮。

人手不足衝擊了醫護業。據說，日本的護士在近幾年增加了二十%，卻幾乎都是來了就想走。根據調查，七成以上的護士處於「時時想走」或「根本不想幹」的狀態。

人手不足衝擊了建築業。震災區宮城縣要蓋災民的「公營住宅」，招標三次，三次流標。建設公司連投標都意興闌珊，理由還是「找不到人」。一家水產加工業者想要回饋鄉里，在宮城縣大肆招人，預定招募七十，實到十人，缺的六十人硬是湊不足，幾乎與敝人的小公司平起平坐。

有看官說：那都是業主「出香蕉、自然只能請猴子」，怪得了誰？看官，您說這話，就是站著說話不腰疼。您可知近二十年二十多歲的日本年輕人少了三百萬、六十歲以上的老年勞動人口反而增加了三百一十萬？嚴峻的數字事實如此，就算出了高價請人，年輕人不來，老年人來了，您好讓老人家當護士、值夜班、開貨車、搬磚塊？話再說回來，人心總希望「物美價廉」，這在日本也是如此。

以 Yamato 宅配為例，一部車子開出去，起碼得兩個人駕駛，免得路邊停車時警察開罰單；遇到客人不在家，另行指定「再配送」，還得增加人員調度成本。凡此種種，都讓人事費用見高不見低，宅配收費卻又偏偏只能見低不見高。拚命維持著高水準服務的同時，還得拚命維持著低價策略，您總不能叫業者把人事費用漲到無利可圖的地步吧？所以，人手不足絕非「香蕉猴子」這麼簡單，依我看，這根本是大環境下，眾人不生不養求便宜，業者不加不漲求生存，惡性循環造成。

對此，日本安倍總理上任伊始，就打出種種策略，希望能拯救人手不足帶來的經濟危機。這策略要點有二：第一、增加女性就業人口；第二、引進外國勞動力。兩者都看到顯著的成果。比方說，住在日本的看官可能注意到了，一些傳統上由男性擔任的體力活，出現了不少年輕女孩子。女孩子綁著馬尾開貨車、送宅配、當保全員，不一而足，早與日本女性理當端莊嫻靜的形象，差了十萬八千里，據說人類歷史發展，先是「母系社會」，再來才發展成「父系社會」，當今日本社會逐漸出現的女性勞動人口，讓憂心忡忡的人擔心日本社會發生了回歸「母系社會」的返祖現象。

至於外國勞動力的增加，就更不待言了。看官上日本店家，見到日語似通非通、表情似笑非笑的店員，您心中就該有譜：這是和您一樣的老外，只不過您在日本消費，他在日本打工。老外見老外，在日本固然是家常便飯，至於以「研修」名義來日的外籍人士，實則淪為日本工廠廉價勞工的現象，更是行之有年。日本富山、石川、福井三縣，二〇一六年光是外國勞動者較諸前一年就增加了十七％，當中所謂的「技能實習生」便占了四成。對於日貨癡迷的看官，日後檢查日貨與否，除了看「Made in Japan」之外，恐怕還得看「Made by Japanese」，才能安心。

至於我那空出來的人力，最後是補上了沒有？答案：托各位看官之福，缺的人手畢竟還是補上了，而且補了兩個。敝人的公司，不搬磚塊、沒有夜勤，遠離了３Ｋ（危險、骯髒、辛苦）產業，人還是好找一點。這也是放諸四海皆準的。

消弭過勞死——比明治維新還艱鉅的任務

新系統上線以來，客戶抱怨聲不斷，主要問題出在每月的「綜合對帳單」做不出來。

按照日本商業習慣，每個月該向客戶收多少帳，有個對帳單。每回出貨，都會附帶發票，這一點系統做出來了，但客戶支付的依據，不是每回出貨的發票，而是每個月的對帳單。就差這一步，出了問題。沒了對帳單，最壞的狀況，客戶甚至可以拒付。

這部分涉及到會計殊多，連資料數據也是來自會計系統，卻在專案一開始即劃歸於「銷售系統」小組，「銷售系統」的顧問們忙得焦頭爛額，整個會計系統小組卻樂得清閒，不去碰這個「爛攤子」。我就算主動表達關心，試著以會計系統顧問的角度提出一點建議，帶頭的人也不領情，要我「別管人家閒事」。

這部分的各自為政，倒是相當「日式」。華人企業有人情可講，跨部門間私下你幫我一點，我還你一些的情形，隨時可見。但日本企業分工明細，人情交易少見。正因如此，日本公司的會也多，開會目的一方面是釐清問題，一方面是澄清責任，再來就是有難同當：這事情有大家開會背書，事後就不能怪我一人獨斷獨行。

閒話休說。「綜合對帳單」做不出來，涉及公司死活問題。「銷售系統」小組全動員了，上上下下找原因。忙到了晚上八點，辦公室突然全體熄燈。

這不是電力供應出了問題。公司大樓強迫於八點自動熄燈，用意是在催人回家。一大堆的社會新聞層出不窮，日本上班族的過分加班，釀成「過勞死」的事件頻繁，已是上升到日本中央部會不得不面對的課題。「過勞死」一詞發自日本，圍繞著「過勞死」的相關事物，也琳瑯滿目，有法律、有調查報告、有會議、有政策、有諮詢機構……，日本政府視「過勞死」為國恥，處理態度不可謂不認真。但人要幹活，就如同娘要出嫁，你拿他一點辦法都沒有。「綜合對帳單」出不來，中央部會管得到這一層否？國家賠否？今晚這個班非加不可了，燈一熄，同事們找了中央控制開關，打開了燈，活兒繼續再幹。

根據日本《過勞死等防止對策推進法》，過勞死的定義為「因業務的過重負擔，造成心腦血管疾病，引發死亡」、「因業務的過重負擔，造成精神疾病，引發死亡」，簡單地說，忙得腦中風、心臟病、發瘋發狂，這種死法，就算是「過勞死」。這定義是寬是嚴，是對是錯，我非專家，無法論斷。但是自上個世紀末以來，日本為了防止過勞死擴散，加大力度整飭，卻收效甚微。過長勤務的現象，一部分看似緩和，一部分又有增無減；有的職業看似改善，有的職業又持續惡化，可說是此起彼落，結果是：職場心腦血管疾病者，年年居高不下；自稱精神病患者，年年增加。過勞死就像是個慢性病，日本全國都要有長期抗戰的準備。

為何日本人非得長時間幹活不可？根據日本厚生勞動省的調查，原因以企業來看，分別為人手不足、業務過多、勞逸不均、顧客要求多變；以勞工來看，分別為人手不足、勞逸不均、突發狀況多、交期過短。無論從誰的角度來看，您說，這豈是國家能介入代勞的？

就拿我所做的專案例子而言，純屬突發狀況，不到最後一刻，不知道系統會出問題；不到八點過後，原因找不出來。這種事情還不止一次兩次，長久下來，自然就是過度勞動。有哪一點是國家使得上力？

「明治維新」自明治元年算起，到憲政國家完成，歷時二十年，斐然有成；過勞死問題可是自媒體報導，引人注意以來，至今三十年，茫然無解。足見這個問題遠比國家體制還複雜。弄到今日，有的公司連強制關燈的絕招都用上了，但枵腹從公的人依舊打死不退。說起來，各個產業的情形不同，造成員工過時工作的原因也不一，不可能以一條法律、一個政策，就想做到舉國風行草偃。過勞死的真正解決，非得等到各產業體質轉變，才可能達成，耗時較諸「明治維新」為長，毫不奇怪。

可見，再好的良法美意，沒能立基於現實，也是窒礙難行，最終落個「現場を知らない（不知第一線的實情）」的譏諷。敏感的人，可能聯想起台灣「一例一休」的爭議，我無意論斷其是非，但由政策掀起的層層浪看來，「一例一休」儘管出發點好，恐怕也難免「現場を知らない」之譏。

有看官說：「老侯，這日本企業除了八點關燈趕人，難道再沒別的方法？」方法當然有。八點過後，人人加班如故。這時，第二招來了，那就是十一點一到，再關一次燈。燈關了又開，開了再關，直到變不出新花樣，剩下的就只有關門趕人了。

當然，這也是各家公司做法不同，關燈趕人顯然成效不彰，有的公司至今則是毫無措施。日本富士通開發了一套新系統，未於事前申請，自行加班的員工，時候一到，個人電腦就會出現一則訊息：「您已超過本日勤務時間，請填具加班理由與預計加班時間，才可繼續加班」，員工必須報上時間、填入理由，工作才能接著做。富士通宣稱，這個系統只要導入完成，將可控制公司的加班費、掌握加班原因，云云。

我未親身領教過這個系統，但日本官民一體，洗刷過勞死大國惡名的努力，仍值得肯定。只是燈何時關、系統如何設計，本來就不是過勞加班的癥結。還是那句話：各個產業的實態未曾掌握，過勞政策就很難對症下藥，令不出中央。這「令不出中央」不是我亂說的。根據日本厚生勞動省的統計：全國各行各業，就屬「中央部會」的公務員的過勞死案例最少。看來日本政府的過勞死政策，只對自家衙門起了作用，其他行業的從業人員依舊是上有政策，下有對策。畢竟幹不完的活兒，無人可代勞，這是個明擺的現實問題。

職場決定墳場——雜談日本戒名

到日本工作以來，光是向周遭朋友解釋「台灣人為何熱衷取洋名」，沒個上百回，也有個九十回。解釋到後來，我也變得駕輕就熟：中國人本來就有取別名的習慣，小時有乳名、上學有學名，當官有官名（又稱官印），《周禮》所謂「幼名，冠字，五十以伯仲，死諡」，名堂多得很。現在這些全沒了，當然只能用洋名代替，換個職場就換個洋名，這可是數千年文化的展現呀……。

日本朋友聽我胡吹，多半聽得點頭如搗蒜，但有一回，一個朋友的反應引起了我的好奇。

「侯桑，你說中國人死後也有別名（死諡）？」

「是呀，起碼周朝是這樣的。現在沒了……」

「日本人死後也會另取名字。我們叫『戒名』。」

這是個沒聽過的詞彙，我請日本朋友寫下來，這才知道他要說甚麼。他反問我台灣人過世之後取不取「戒名」，我說「沒有」。我們儘管熱衷取洋名，但洋名生不帶來，死不帶去，沒聽說有台灣人的牌位寫著「顯妣 克莉絲汀娜・張」的。

從那之後，我開始注意起日本人的「戒名」現象。

所謂「戒名」，固然與日本人的宗教信仰有關，卻又與真正的宗教無關。此話怎說？理論上講，日本的佛教徒，死後為了往生淨土做「菩薩」，取一個與俗名不同的名字，這是「戒名」的表面意義，但真要說起來，戒名，也就是法號，是給出家人的。生前不燒香念佛，死後急急忙忙抱佛腳取戒名，佛祖豈是如此易與之輩？

說起日本人的宗教信仰，一言以蔽之：眼花撩亂。生後去神社，結婚上教堂，死後進寺廟。一個調查顯示，日本人自認為信教的，只有三分之一；日本《宗教年鑑》的統計數據又顯示，日本各類宗教信眾總數加起來，高達兩億人，比日本總人口還多。一方面不怎麼信教，一方面又甚麼教徒都當，這才造成兩個數據互相打架，更加顯示日本人對於宗教信仰的蠻不在乎。所以，日本人死後取「戒名」，看似與佛教相關，但其實質絕對要與佛教切割看待，才能看得明白。

戒名得怎麼取？我們找幾個已故名人的戒名看看。漫畫家手塚治蟲，戒名是「伯藝院殿覺圓蟲聖大居士」；名導演黑澤明，戒名是「映明院殿紘國慈愛大居士」；女影星夏目雅子，戒名「芳蓮院妙優日雅大姊」；女歌星美空雲雀，戒名「茲唱院美空日和清大姊」……由此，您多少可以推知：名人的戒名，與其生前的職業相關。手塚治蟲長於畫藝，所以戒名有個「藝」字；黑澤明活躍日本映畫（電影）界，戒名嵌了個「映」字；夏目小姐生前是個風華絕代女優，戒名包含了「妙優」這個美稱；美空小姐生前歌聲鶯語泉流，自然當得上「唱」這個名號。

有資格取戒名的，是寺裡的和尚，且多半得是「住持」。戒名不白取，取一次得收錢。您問和尚收多少，出家人又不好談這種金錢俗物，猶抱琵琶半遮面地說「看施主您的心意」，這話您要是真信，那就是真傻。戒名也分三六九等，戒名中，有「院」高過無「院」；有「殿」高過無「殿」。您看著周遭人故去都安個甚麼「某某院大居士」的戒名，您好意思就給自己親人簡單安個「八戒信士」或「悟空居士」嗎？所以，一般人不太會在「戒名料」上真的隨緣隨喜，總得要比照行情。剛剛我舉的幾個已故名人的戒名例子，這種戒名要真的取起來，在泡沫經濟時代，上千萬日幣的「戒名料」也絕非危言聳聽。您算算，十多個字的戒名，等於一個字幾十萬日幣，近年來還導入系統管理，有「戒名產生軟體」，日本和尚隨意敲個鍵盤，戒名愛出幾個就出幾個，不知羨煞多少鬻文為生的窮文人。

戒名有規格，不同教派規格還不同。淨土宗的戒名有「譽」字；西山淨土宗用的是「空」字。日本人的骨灰都集中在寺廟立碑保管，如果戒名規格與寺方不同，還可能不許歸葬。有個例子：一個淨土宗的信徒死在他鄉，葬到附近禪宗的寺廟，就因為宗派不同，硬是被寺裡和尚多收了三百萬「戒名料」。

日本人的戒名，說穿了相當於我們的排場。但我們在葬禮擺排場，僅此一次；戒名可是刻在牌位上，每次法會誦經都要念，這讓日本人更不敢馬虎。戒名產生的原因，有各種說法，連日本人也說不清楚。話說，當年佛教從中國傳入日本，為求更加普及，索性就與日本本土宗教徹底結合。這叫做「本地垂迹說」。佛菩薩全都入籍日本，成為日本神仙，天照大神就是大日如來，熊野大神就是阿彌陀如來。這還不夠，為了讓深奧的佛理更親近一般不識字的平民，日本佛教主張口唸「南無阿彌陀佛」就是唸經，唸經就是坐禪，坐禪又等於下田幹活。白話地說，只要專心一意做個啥，就等於是參禪禮佛。這招有效，使得人人都成了佛教徒，天天都等於在修行。佛教變得這麼親民，出家不出家，有何兩樣？所以，給出家人的戒名，拿來給在家眾，又有何妨？

又有一說，謂「戒名」是來自江戶時期（十七至十九世紀中葉）的「檀家制度」，當時日本政府排斥西洋宗教，規定所有老百姓都得歸寺廟列冊管理，這寺廟就形同戶政事務所，人人生前都是信徒，死後的牌位刻上戒名，表示一心向佛，至死不渝。這麼看來，戒名之成為社會現象，歷史還不是那麼長。儘管如此，戒名「通貨膨脹」的速度卻相當快。就以「院號」而言，顧名思義，只有對寺院布施，興土木蓋佛寺的，才有資格配得上這個「院」字，一開始時，確實只有退位天皇取了「院」號，後來，貴族、地主也能取，到了二次世界大戰，連戰死的將軍，也有了「院」的戒名，即便如此，基本上還能本著貴賤之別，少有越次躐等。戰後則是只要出得起錢，就能取個「院號」，根據統計，戰後日本人的戒名，百分之六十以上都是「某某院居士」，每個往生者都如此，叫佛祖如何不頭疼？

戒名制度的滑稽，日本人不是不清楚。市面上戒名指南的書，汗牛充棟；反對戒名的書，同樣也車載斗量。只是日本佛教不比台灣，台灣佛教勢力龐大，寺廟無斷炊之虞；日本人生前不禮佛，死時才想找和尚辦喪事，說日本寺院是半個葬儀社，決不誇張。如此，您要日本和尚不在死者身上多撈幾筆，如何度日？據統計，一間寺院要存活，起碼得有三百戶施主支持，再考慮日本日益減少的人口數，有了戒名窮死人，沒了戒名窮和尚，依我看，只要人在日本，除非生前早已出家受具足戒，把戒名法號取好，否則死後勢必要被日本的佛菩薩剝上一層皮，儘管誰都知道，這玩意與佛教沒半點關係。

電子遊戲洪流下的小插曲

我初入資訊業界工作時，公司內還有「大型電腦」時代的前輩，偶爾與我們「白頭宮女話當年」：

「我們在學校學『電子計算機』時，程式設計一律用打卡機記錄。大家在系上的『計算機中心』前排隊，把打好的紙卡交給助教。助教把卡讀入電腦，誰的程式設計有誤、誰的程式運作正常，這時候才知道。大家都是初學的，哪有可能又懂電腦語言、又懂打卡？有了錯，就得重新再打卡，重新再排隊，一直到正確為止。」

前輩的經歷固然與我無緣，但課堂上《電子計算機概論》的「電腦沿革」篇都會提到，兩相對照下，也讓我如同親炙。如今，自己進入業界已久，曾幾何時，自己當年學生時代的種種，也成了「電腦沿革」的一部分，供後人緬懷。比方說，我初次接觸的電腦，是「宏碁小教授」，電腦打開就是寫程式的畫面，程式寫好儲存在外接的磁帶（錄音帶）裡。這套如今教人匪夷所思的配備，卻在當時讓我習以為常，乃至進入了磁碟片時代，我悵然若失，認為電腦而無磁帶，如「人而無信，不知其可也」。殊不知磁碟片與磁帶，如今雙雙進入教科書的歷史裡，逝者如斯夫，看電腦演進即知。

直到打卡機時代為止，電腦與一般人的生活始終絕緣，無怪乎當日本任天堂推出名為「家用電腦（Family Computer）」的產品，儘管功能陽春白雪，與現今電腦相差不啻天壤，但無人對這名字表示異議。我們如果參照同時期台灣媒體的報導，這個「家用電腦」在真正的「家用」功能上，只能說是聊備一格，如「可以在螢幕上留言、備忘」、「可以收看電視」，可說是電腦不足，家用欠缺。說穿了，就是個電子遊戲機。

這一台電子遊戲機，取得了空前的成功，根據日本最終統計，這台機器在國內外賣了六千兩百多萬台，是任天堂繼掌上遊戲機以來又一次勝利出擊。

日本的遊戲機市場，粗分為業務用與家庭用。業務用者，即放置在遊樂場，供人玩樂收費的電子遊戲機，旨在營利。任天堂在家用遊戲機上大有斬獲，頗有一統江湖之意，眼光放到了業務遊戲機的遊戲軟體上。若能將業務遊戲機上已有好評的遊戲，移植到任天堂的「家用電腦」上，自然有助於任天堂的產品銷售。

由於任天堂透過一連串成功出擊，建立起的遊戲機王國，無可撼動，當年任天堂「家用電腦」幾乎就是業界標準的代名詞。其他遊戲軟體業者，要不放棄對於家庭遊戲機的奢望，要不就是與任天堂合作，吞下所有不利條件，開發任天堂「家用電腦」遊戲軟體。除此之外，再無出路。

當年任天堂對於協力廠商所開的條件為何？據說，任天堂與廠商簽約，並無一定內容，端看彼此力量對比而定。但幾個基本款項必然在內，如「遊戲內容須經任天堂審查」，為的是避免出現不適於家用的畫面。這一條合情合理，並無不妥。但下一條就是扼住軟體業者的死活：「ROM 卡匣需由任天堂代為製造」。換成現在的話，形同軟體供應商的每一個產品出貨都得委由微軟代工，不這麼做就別想在 Windows 系統上跑一般。任天堂為軟體業者製作「ROM 卡匣」，每做一卡匣就向軟體業者收一筆權利金。權利金行情不一，有業者說是一千日圓，有業者說是二千日圓。由行情的不同，又可以窺見遊戲開發業者與任天堂的力量對比關係。您如果是遊戲軟體開發業者，為了要在任天堂機器上全力一搏，一口氣為自己開發的遊戲訂了十萬個卡匣，賣不賣得出去還不知道，但任天堂已經從當中賺了一億日圓。業者人人如此，則任天堂天天賺錢。

那麼，任天堂是否鼓勵所有軟體業者多多開發，多多益善呢？也不是。為了掌控品質，開發的遊戲數量也訂在契約中，有的業者一年只得開發二、三個，有的開發多一點。任天堂除了對於軟體協力廠商如此，對於自家遊戲機的大盤商也如此。說好的交易量，大盤商必須全數買下，且沒有退貨。一九八三年七月，任天堂推出「家用電腦」時，開出了這麼一個「優惠」條件：在七月與十二月之間，買下一萬五千台的大盤商，將予以四成二的折扣優惠，沒在這段期間、沒買下這麼多數量，就一律按照定價一〇〇％作為交易價，形同逼著大盤商一起參加豪賭。

您由這些苛刻的條件可以窺知，那時的任天堂，有多麼君臨天下、呼風喚雨。

如同我一再強調的，這些契約內容，不見得各家軟體業者皆相同，會因自身與任天堂的力量對比關係，而有出入。由此，可以把遊戲軟體開發業者分成三六九等，而日本「南夢宮」（NAMCO）公司，就是被列為第一等的業者，可說是任天堂另眼看待的「最惠國待遇」協力廠商。

一般而言，在資訊業界有個說法，謂日本人擅於硬體製造，歐美人擅於軟體開發，這說法連日本人當中也有不少附和者。但若真的細究起來，這說法也對也不對。日本人商業軟體的成功案子少，難免予人拙於軟體設計的觀感，但若換到遊戲軟體，再結合動漫，就完全不是那麼回事。日本遊戲軟體長年獨擅勝場，其中，「南夢宮」當年開發的「小蜜蜂」、「小精靈」、「鐵板陣」，可說是個個成功，風靡全球，將電子遊戲推向一個新的里程碑。當年台灣多少學子，在校外留連忘返，守在街頭遊戲機前，就是為了一過握桿射擊之癮，可說無「南夢宮」無以語遊戲機。街頭遊戲機專門的南夢宮，家用遊戲機獨霸的任天堂，兩強結合，直可指點江山，毫無疑問。

兩強的社長，於一九八三年在東京大田區南夢宮總部見了面。總部竣工未久，業界戲稱這棟美輪美奐的辦公樓建設資金，全來自「鐵板陣」等遊戲的大賣，所以私下給了個「鐵板陣大樓」的渾名。可謂「莘莘學子齊按鈕，成就南夢華麗宮」。

任天堂的山內溥社長僅比南夢宮的中村雅哉社長稍小兩歲，那次的兩強會談，兩位社長可說是惺惺相惜。山內誇中村眼光獨到；中村讚山內慧眼獨具。中村早就看上任天堂的「家用電腦」，公司內上上下下把「家用電腦」研究個透徹，就等與任天堂正式簽約，南夢宮的遊戲將源源不斷而來。

中村認定自己的遊戲在任天堂的遊戲機上必能再造旋風，任天堂與南夢宮的兩強結合，就這樣水到渠成，而南夢宮也理所當然成了任天堂的「最惠國待遇」的協力廠商。

南夢宮有著甚麼特惠呢？別的軟體開發商必須由任天堂製造遊戲卡匣，南夢宮不用；別的軟體開發商要花上一卡匣一千圓買權利金，南夢宮只需數百；別的軟體開發商有遊戲開發數量的限制，南夢宮沒有。

如此，南夢宮所提供的遊戲，在任天堂的機器上一次又一次掀起了搶購熱潮，任天堂機器熱銷、南夢宮遊戲熱賣，兩家公司關係進入了蜜月期。

這樣一個良好的關係，任誰來看，都不該出現嫌隙，但短短五年，嫌隙還是發生了。到了契約更新的時候，任天堂突然單方面告知南夢宮：「最優惠待遇將終止，契約回歸正常，南夢宮交易條件比照一般協力廠商」。

這事情讓南夢宮的中村雅哉從此懷恨在心。他與熟識的人談起這段，毫不掩飾對山內溥的憎恨，情緒話一個接著一個迸出。

「沒錯，我們是得了你五年最優惠待遇，但你不想想：你們機子大賣，我們貢獻了多少？」

「這傢伙（山內）從來不知好歹。他京都出身對吧？京都商人就是那德行！」

「五年一到，就要把我們甩了。這對我們來說，真是奇恥大辱！」

聽中村雅哉的片面之言，似是任天堂不顧商場道義，於理有虧。但知道內情的人，就不這麼看了。

一九八六年，南夢宮啟動了一個祕密專案，稱之為《NC1》。「N」者，中村（Nakamura）的起頭字母；「C」者，消費者（Consumer）；「1」自然就是第一號。《NC1》的目的是製造一台性能凌駕任天堂「家用電腦」的遊戲機。

任天堂「家用電腦」是八位元，《NC1》是十六位元；「家用電腦」用卡匣，《NC1》用當年剛問世不久的 CD-ROM，處處都與「家用電腦」針鋒相對乃至青出於藍。

當時，任天堂與南夢宮正處於焦不離孟，孟不離焦的階段，中村卻甘冒關係決裂之險，與任天堂爭食遊戲機的市場大餅，所為何來？根據中村本人的說法，他對於硬體製作的執著，來自兩個原因。第一個原因：「我就是技術出身的，想要做點甚麼東西，這願望始終揮之不去。」；至於第二個原因，他則是這麼說：「我不喜歡獨占。為了產業的健全發展，市場該有競爭者，如果遲遲無人現身，我就做那第一個競爭者。」

第一個原因，出於技術人的使命感，可以理解；但第二個原因，就難說不是在向任天堂舉起反旗，這自然種下了兩者分道揚鑣的遠因。

南夢宮最終沒能推出自己的遊戲機，非不能也，是不敢也。南夢宮估算，新機器得有兩百萬台銷售業績才可謂成功，中村雅哉連「買遊戲送機器」的出血招數都想到了，屈指一算，得有兩百億日圓資金才能開戰，對比當時任天堂輕輕鬆鬆一千萬台銷售量，「此誠不可與爭鋒」，中村雅哉總算明白了。明白的同時，兩者也結下了樑子。

中村雅哉的南夢宮後來投向索尼，中村與內山兩個遊戲產業的風雲人物，直到內山過世，中村故去，都未公開化解。個人的心結未解，但兩家公司似有誤會冰釋的跡象。早在二〇一〇年，當時的任天堂社長岩田聰，即在自家的官方網頁上這麼感嘆道：「南夢宮當初連 CPU 是甚麼都不知道，卻能自力分析了我們『家用電腦』的畫面與聲音的設計」，頗有英雄惜英雄的味道。

中村於今年一月，以九十二歲高齡過世，過世之後，美國任天堂的官方「推特」公布了這麼一個訊息：「As a 3P partner Namco has been a big part of Nintendo's history, thanks in large part to Masaya Nakamura. He changed gaming for the better.（南夢宮曾以協力廠商之姿，成為任天堂歷史重要之一部。中村雅哉先生居功厥偉，使遊戲臻於更佳境界。）」算是為兩家公司的陳年歷史問題做了一個總結，也是為這個世紀老人的遊戲人間，蓋棺論定。

孤島化的日本企業

前一陣子，與一個日本女同事閒聊，聊到日本女孩子在找對象時，是否執著於另一半的收入，女同事給了我這麼一個饒富趣味的答案。

「收入有一定的水準就夠了。一個在外資公司年收入兩千萬的上班族，與在日本公司年收入一千萬的上班族，我們日本女孩子多半還是選擇日本公司的上班族。」

這話大概讓多數人聽得一頭霧水。在外商公司領薪日幣兩千萬，你們女孩子也看不上眼？這話要是說給我們台灣人聽，恐怕得註解了再註解，依舊沒人聽得懂。

我在弄清楚這位日本女同事的意思之後，試著加上一些雜感，與各位看官解說一下。這話得從鴻海買下日本夏普說起。

鴻海買下了日本夏普，圍繞著併購前後的一些軼聞，一一傳出。

在鴻海表示有意收購夏普時，日本夏普高層普遍認為鴻海圖的只是夏普的技術。鴻海技不如人，夏普技高一籌，現在夏普的窮困，只是時運不濟罷了。當年雙方的關係，有些像一個需錢翻本的賭徒，巴望金主出錢救急，但並不希望金主插手過問自己下甚麼注。

在二〇一一年八月，當時的夏普會長町田勝彥第一次造訪鴻海的台北技術開發中心。說實在，去之前，他也未對鴻海掌握的「技術」放在心上。町田有其自傲的理由。一九九八年，就任夏普社長的町田，誓言「二〇〇五年前將日本國內電視機全部替換為液晶」。當年，液晶顯示器無論畫質還是反應速度，遠不如傳統映像管電視。對此嗤之以鼻的，有以各類技術創新聞名的索尼。索尼的相關人員當時宣稱，「液晶想要取代映像管，還差得遠」。

如果我沒記錯，日本國內電視機全面替換成液晶，時期可能比町田預測的還早。起碼我於二〇〇六年赴日工作，日本電器行就已經不見映像管電視的蹤跡，六十吋的液晶電視已然登場。我則是不失時機的買了一台夏普的「AQUOS」液晶電視置於家中，見證了町山的豪言壯語。

這樣一個引領風騷的町田，任內也經歷過幾次台日的「技術合作案」，所謂「合作」云云，無不是日本技術人員指導、台灣技術人員模仿組裝，他看不出來台灣公司的技術有何可取之處。

但這次的造訪，讓町田徹底服氣。機器人一字排開，整齊壯觀地製造著全世界人愛用的iPhone等手機。機器人是日本製造，但用得如此行雲流水，把「良率」提升到新的化境，這需要多大的資金與規劃能力？

「我們的生產單位以百萬計，鴻海的生產單位以數億計。日本沒一家公司做得到呀！」町田感嘆不已，回到日本後，積極遊說公司高層接受鴻海的收購條件。

但「町田震撼」僅止於町田一人，那也是他眼見為實下產生的。其餘日本董事會成員心裡依舊對鴻海抱著「有求於我」的看法，對町田的呼籲漫應之。「鴻夏戀」的第一回合，就這麼成了泡影。

這幾年，日本企業沉緬過去，自我感覺良好的例子，數不勝數。話說，「沉緬過去」是一種病徵，哪家公司都可能會犯，何以日本公司一犯這病，就難以自拔？以電機業為例，直到一九九一年，日本電機產業與汽車業，同樣是獨步全球，景氣好時，電機這個領域就創造了一年九兆兩千億日圓的貿易出超。僅僅二十多年的時間，如今這個下金蛋的母雞，卻成了一年虧損十兆日圓的賠錢貨。

聚焦在半導體產業上，更是如此。二十多年前，全世界半導體產業營業額前三名，分別為NEC、東芝、日立。前十名當中，日本企業就擠進了六名。我以前便幫過其中兩家公司導入系統，兩家都有一個特徵：公司觸角伸展到各個領域，「半導體事業」僅是其企業版圖的一環，只能算是「副業」。事實上，擠進世界十大的日本半導體事業體都如此，都是副業。

這些把半導體視為副業的日本公司，後來一個一個從半導體產業消失。過去，日本靠著工業技術，領先取得半導體產業優勢，賺得盤滿缽滿。直到對手追上，優勢不再，日本公司仍認為只要堅持技術，沒有守不注的江山。更糟糕的心態是，就算半導體的江山守不住，也只能傷其一指，集團公司還有其他版圖，沒必要在一個領域上如此廝殺。也就是說，日本的集團企業加在一起，往往不是戰力雄厚的團體，而是各自呵護取暖的烏合之眾。以NEC而言，半導體在世界領先群倫，個人電腦98系列也曾在國內獨領風騷，但後來半導體事業岌岌可危，個人電腦好景不再之際，NEC也無意讓兩者共同研究開發，力挽狂瀾。半導體本可透過個人電腦事業，掌握終端消費者需求，不此之圖，徒然放棄集團企業優勢。

日本半導體的江山，就是渾渾噩噩中，拱手讓人。

美國英特爾創辦人安德魯的著書《十倍速的時代》就這麼說：「在半導體產

業，要有偏執狂的專注，才是開發、投資商品，徹底打敗對手的唯一之道。」英特爾現在穩居世界半導體產業的領頭羊，昔日王者NEC則是退居十名之外，連影子都不見。這也無妨，當年為NEC在半導體產業開疆闢土的功臣們，至今仍在集團內繼續上班。那廂是勇往直前的偏執狂，這廂是優哉游哉的上班族。這仗不用打，勝負已定。

日本特殊的產業環境，也深化了日本企業「自我感覺良好」的心態。我們再回到NEC的例子。日本有所謂的「電電家族」，即日本電信電話產業的四大企業體（NTT集團、日立集團、NEC集團、富士通集團）。當世界各國通信環境都還只有2G時，日本早已進入3G時代。當我們的手機僅能打電話、傳簡訊；日本的手機早已能上網、發郵件、發照片。不僅如此，還造型美觀，看官要是還有印象，當年請朋友從日本帶個手機回國，在手上把玩，儘管功能一半以上不能用，畢竟造型搶眼，其效果不下於露個二頭肌吸引女孩子。這一切都是日本這幾個「電電家族」打造出來的。

也就是說，日本在電信產業奪得先機，本來有著很好的基礎。這個基礎是怎麼形成的？當年，日本電信是獨占事業，只有NTT一家，與中華電信一樣，賺的是獨門生意。NTT制定規格，NEC按照規格提供設備。由於NTT形同國營事業，電話費說漲即能漲，不怕虧本。這賺來的錢，性質與稅金沒兩樣。NTT再把收入讓「電電家族」雨露均霑，NEC就是其中之一。NEC僅需照顧好NTT這個客戶，不怕沒錢賺。兩者焦不離孟、孟不離焦。

您說，這種毫無競爭的外部環境，與國營企業無異的經營體制，是資本主義，還是社會主義？

NTT聚集了東京大學、東京工業大學的一流菁英，NEC也招募了全國的英才，基礎研究本來就是日本人的強項，3G技術因此獨步全球，在日本率先開發，毫不奇怪。據說，3G通信在日本開通當初，啟動3G服務的NTT社長這麼說：

「這世上還沒聽過有哪家通信公司不渴望我們的技術。」架設3G網路的NEC社長這麼說：「我們只管鋪設好網路，滿足客戶（NTT）即可。」真是顧盼自雄，旁若無人。

您可知這意味著甚麼？2G時代，一個基地台訊號可以覆蓋方圓二十多公里，到了3G時代，一個基地台只能覆蓋方圓七、八公里。任誰來算，都知道進入了3G，只能靠增加基地台來解決訊號覆蓋不足的問題。「我們只管鋪設好網路，滿足客戶」，這話敢於說出口，若非NEC真的胸有成足，那就是平日早不把錢當錢花，成了土豪。

由於日本亟欲做世界第一，世界的3G規格尚未出爐，日本就自行出爐。當時取名叫「FOMA」。等到全世界3G規格確立，「FOMA」不在世界標準規格內，這下好了，台、韓的手機製造廠從一開始就做世界標準3G手機，NEC這些日本製造商全傻了眼，手機若要賣到海外，得一改再改，才能符合世界規格，別國廠商兩個禮拜做得出來的，日本廠商得花四個禮拜除錯，才能勉強完成。跟著NTT亦步亦趨的日本手機大廠，包括NEC在內，弄到最後，國外開疆闢土無望，國內投資回本無期，全都成了犧牲品。

NEC如此，曾經自誇「世上豪傑無不望風披靡」的NTT一樣也不好過。NTT為了將自身規格推廣為世界規格，不惜血本地投資海外通信事業，就是希望藉此擴大包圍網，把日本的3G真正推廣到世界舞台。一九九八年到二〇〇一年，是NTT的散財年，偏偏他們所投資的海外公司，大多持股不超過二十%，根本談不上控制，「把日本規格推廣到世界」，自然也成了泡影，簡直讓人聯想起二戰時期日軍逐次用兵的傻勁。

就這樣，日本國民把當時的手機戲稱為「加拉手機（ガラ携帯）」。這詞彙是這樣來的：達爾文乘著探險船到了赤道附近的加拉巴哥群島，由於這島孤懸海外，少見天敵，各類物種的塊頭都長得很大，這刺激了達爾文的思考，後來完成了學術名著《物種起源》。類似日本電電家族這般，能個個在日本國內被養得白白胖胖，發展得盤根錯節，前提條件一是孤島、二是無天敵，簡直與加拉巴哥群島的大烏龜大蜥蜴一樣像神了！日本人白譃水平之高，不得不讓人折服。

說到最後，還是回到「日本女孩子不嫁外資高薪上班族」的話題上。由於日本公司在國內有著自我感覺良好、缺少內憂外患的天然環境，比起外資公司時時處於激烈的內外競爭，在日本公司上班，本身也就成了加拉巴哥群島的烏龜蜥蜴，而外資公司的上班族就像一匹隨時伺機狩獵的狼。您說，換成您是女孩子，您要嫁一個穩妥的烏龜，還是嫁一匹狼？

「日本規格」的初試啼聲：VHS的挑戰

在〈孤島化的日本企業〉一文中，提到了日本為了將自家3G標準推上國際舞台，費盡心機，最後一事無成的往事。

四十歲以上的朋友大概都還記憶猶新：日本規格即是世界規格的往例其實並不缺乏，其中，VHS錄影帶就是有名的例子。

話說從頭，一九六〇年代，美國Ampex公司製造了第一個錄影機，重達三百公斤，錄影帶片幅寬達五・一公分（二英吋），安裝起來，占地將近三坪，也就是十平方米，幾乎去掉一個房間。為了搬運這個身型碩大的機器，一般得動用起重機。

這就是當年的錄影機。如果，您在當時見過這東西，想像過這個東西有朝一日成為家庭必需品，您可能沒說實話。但日本Victor公司的工程師，高野鎮雄，當年看到Ampex錄影機這個龐然大物時，確實在夢想著日後人人家中也能裝置著同樣的東西。從此，高野鎮雄有了催生VHS錄影機的念頭。就彷彿史蒂芬・賈伯斯只能有一個一樣，這樣的高野鎮雄，也只能有一個。沒有一個孜孜不倦的高野鎮雄，當年市面上的錄影帶規格，就不知要幾人稱孤、幾人道寡。

高野鎮雄在日本Victor任職時，一直抱著這個夢想，直到一九七〇年升上了Victor的「VTR事業部」部長，理當是大展身手，實現夢想的時候。但是擺在高野鎮雄眼前的，卻是艱難重重的挑戰。首先，Victor在日本電氣業界規模僅僅排名第八，高野鎮雄儘管有雄心，也有著素質整齊的開發團隊，但仍沒有人認為Victor會在VTR（Video Tape Recording）產業有所作為。

SONY早在一九五八年做出日本首台國產的錄影機，用在NHK電視台。在家用VTR領域上，SONY也沒閒著，一九六五年開發出了1/2英吋寬的盤式錄影機CV-2000。可以說，SONY的技術優勢是不容挑戰的。其他的主要製造商，如日立、東芝，都已經投入研究，並且有產品問世。高野鎮雄面臨的，是一個強敵環伺的外在環境。

內部環境呢？一樣糟糕。Victor之成立「VTR事業部」，是為了讓各個事業體自負盈虧。除了研究開發，還要負責開拓市場。銷路不好，「VTR事業部」就會連二百二十名員工的薪水都付不出來。付不出薪資的話，只能從總公司借錢，利息比照市價。

高野鎮雄上任後的一九七〇與一九七一兩年，是VTR事業部業績最差的兩年，做出來的錄影機不僅僅是故障多，退貨率也高，兩台賣出去，就有一台退回來。這兩年中，虧的錢與賺的錢一樣多，等於沒賺。到了一九七一年，為了支付人事等費用，「VTR事業部」已經向總公司借款十億日圓。

「VTR事業部」如此，Victor公司整體也大不如前。自一九七一年，Victor

的收益就已經明顯減少，持續到了一九七二，只剩下九百一十四億日圓的銷售額，淨利益十四億日圓。比較起業績最好的一九六九年一百一十六億日圓收益，掉了九成。「VTR事業部」想要靠著總公司來彌補虧損，總有坐吃山空的一天。

可以說，Victor的「VTR事業部」面臨著內外交迫的環境。錄影機市場確實有其未來，但Victor的「VTR事業部」未來何在？

與此同時，Victor還把原先屬於總公司的開發技術部門五十人轉移到「VTR事業部」。Victor對「VTR事業部」的態度很明顯：只需要做產品改良，不要再做產品創新。Victor公司把這五十個員工丟給了向來虧錢的「VTR事業部」，幾乎擺明了就是讓他們自生自滅。

但高野不這麼想。有了這五十人，高野如獲至寶，他從中找上了一個名叫白石勇磨的技術人員，透露了他的計畫：他決定不讓總公司知道，單獨憑藉「VTR事業部」全體員工的力量，開發一台全新的「家用錄影機」。

白石勇磨接受了這個任務。他另外找了廿四歲，高職畢業的梅田幸弘，還有廿九歲，同樣也是高職畢業的大田善彥，一起接受挑戰。

當時，市面上不是沒有所謂的「家用錄影機」。Victor 本身就推出了一款稱作「U-VCR」的錄影機。重三十六公斤、錄影帶一捲就接近一本Ａ４雜誌的大小，要價三十八萬日幣，相當於一九七〇年代當時的台幣七萬元。這是個名為「家用」，卻是哪一個家庭也用不了的錄影機。

如果要實現真正的家用，就必須另闢蹊徑。當時，錄影帶有「盤式」、「匣式」、「卡帶式」，再加上影像的記錄方式，更多達一百五十種，但大部分都是曇花一現。白石勇磨帶領他的祕密開發團隊，決定另起爐灶。

此時，VTR 事業部的虧損越來越大，Victor 針對美國市場製造的「U-VCR」錄影機，庫存不斷堆積，總額達到三十億日圓。即便如此，高野有他的打算：製造一台「U-VCR」，需要許多外包工廠的合作。這些規模較小的外包工廠，為了生存，必須靠著大型電機廠釋出的訂單。一旦訂單沒了，外包工廠關閉生產線，轉而接別家公司的單子，是極其自然的事情。到時再找這些外包工廠合作，難度勢必大增。為了留住外包工廠，高野不惜賠本，也要不斷釋出訂單，養著這些工廠。

隨著虧損而來的，是總公司「削減人事」的要求。在高野留下的日記中，我們看到了當年高野所承受來自社長的巨大壓力：「社長今天說，我對於 VTR 事業部所處的狀況，理解不足」「說我不願做壞人。」Victor 社長要求高野做的「壞人」，是要把 VTR 事業部人事縮減三成。高野對於社長的要求，口頭漫應之，但心裡已經做了決定：VTR 事業部兩百七十名員工，都有自己的生計要顧。他一個人也不願意辭退。

高野堅持到了一九七三年，一場全球性的經濟風暴，將各主要企業吹得搖搖欲墜，反而成了挽救 Victor 公司 VTR 事業部的「神風」：第一次石油危機。那一年，物價飛漲，各家錄影機製造商不得不漲價因應，錄影機消費市場自然是一蹶不振，但早已經堆積成山的 Victor「U-VCR」，製造於石油危機之前，沒有調漲售價的壓力，以低廉的價格在美國市場大賣。本來應該是拖累事業部的庫存，這下反而成了轉危為安的解藥。VTR 事業部長年負債，至此一筆勾銷。是「家用錄影機」先開發出來、還是「VTR 事業部」先破產，原本縈繞在高野心中，盤旋不去。經過這次「U-VCR」熱銷，事業部有了持續「祕密開發」的資本。

另一方面，白石勇磨與他的研究小組制定了一個新的格式：錄影時間二個小時、要有預錄功能、要減輕機體重量、要方便生產線製造……這種種特性，就是日後的「VHS」。

白石勇磨的團隊不斷地試做、失敗；再試做、再失敗。做到第三台「試作機」之後，業界傳來消息：SONY 拔得頭籌，率先製作出家用錄影機，取名為「Betamax」。

高野等人是否該放棄 VHS 的開發呢？高野決定「探訪敵營」再說。高野與白石等人參加了 SONY 的新品公開展示會。在會上，他們看到的，是一台二十公斤重、錄影時間一小時的首台「輕量」家庭錄影機，錄影畫質清晰之外，更重要的是，Betamax 比起他們的錄影帶，硬是小了一圈。

SONY 正在呼籲各家電器製造商加入「Betamax」陣營，這讓不少主要電器製造商動搖不已，連松下也有意加入 Betamax 陣營。在此必須說明一下：松下在戰後買下了 Victor，成了 Victor 的母公司。此時連 Victor 總公司都不知道自己下屬事業部無視公司策略，正在祕密發展新型家用錄影機，松下自然更無緣知道。因此，VHS 計畫若是曝光過早，或外頭環境劇變，都可能因此消失於無形，但高野從不給予白石研究團隊壓力。從 SONY 展場回來後，眾人的心意更加堅決：VHS 將比 Betamax 更占優勢。

原來，VHS 的捲帶方式，採取的是「M 型」正面捲帶，取名為「Parallel

Loading」，這讓VHS機體可以比Betamax做得更輕巧。這是高職畢業的梅田幸弘想出來的；錄影時間長達兩小時（帶子稍大），也是剛上市的Betamax所不及。一度被人詬病的畫質問題，原因來自VHS為求機體輕巧，磁頭比Betamax來得小，畫質先天比起Betamax遜色。改善這個問題的，是另一個高職畢業生、大田善彥所發明的DL・FM處理晶片。

梅田當時廿七歲，大田當時卅二歲。兩個青年所發明的突破性技術，讓白石的團隊無懼SONY大敵當前，把VHS推上了歷史舞台。

研究團隊做出了第四代「試作機」，總算達到了高野心中所認可的水平。他決定這已是公諸世人的時刻了。高野把賭注放在一個人身上：松下的創辦人、當時高齡八十一歲的松下幸之助。只要松下幸之助能贊同，VHS問世只是時間問題。

一九七五年九月三日，松下幸之助視察VTR工廠。這一天的情景，在當時諸人的回憶中，依舊鮮明地留存著。松下幸之助走近這台費時四年，悉心完成的「第四代 VHS 試作機」，猶如看著襁褓中的嬰兒，時而撫摸、時而窺探，不時地還提出問題。最後，他留下了這麼一句話：「Betamax 已經是個一百分的產品，這個 VHS，我看是一百五十分。」

據高野夫人回憶：高野平日不太談公司的事情，但那天回到家，高野興奮不已，口中不斷念著：「松下先生是偉人！偉人呀！」

松下的一句話，讓一個見不得天日的 VHS 計畫在 Victor 取得了正式地位。高野接下來做了一個讓眾人都吃了一驚的決定：把第四代試作機無條件借給各家電機大廠研究。

一台機器，只要讓同行競爭者看到內部構造，則 Victor 費時四年的成果，別人可能費時數個月、甚至數周就能做出一模一樣的東西。高野可是認真的？

「把 VHS 規格推行於市場才是最重要的。這個目標，光憑 Victor 一家的力量，無法完成。我們該放棄眼前的小利，著眼更大的目標。」高野這麼解釋著。

高野的誠意，感動了其他同業。再加上 VHS 適合家用的技術優勢，促成了日立、三菱等大廠捐棄成見，空前大團結，等到 VHS 正式商品化時（一九七六年九月），雖然比 Betamax 晚了一年五個月，卻是一個裝置著各家貢獻的精華，非 Betamax 能匹敵的技術結晶。更重要的：VHS 比 Betamax 輕了五公斤，已經是一台可以自電器行直接搬回家的「家用錄放影機」。

高野把 VHS 推銷到歐美各國時，採取的是同樣的做法，這讓 VHS 陣營攻城掠地戰無不勝。一九八〇年，台灣的大同公司也宣布從 Betamax 陣營改投奔 VHS 陣營，這也意味著我國的 Betamax 與 VHS 之爭，有了標誌性的力量轉變。

高野在 VTR 事業部艱辛困難的時刻，頂著壓力，不願意放棄任何一個員工。為了怕自己完成不了使命，對不起二百七十名員工，他特地在家中種滿了盆栽，決定在公司不得不結束 VTR 事業部時，他要一個一個登門拜訪員工家中，把盆裁送上，表示自己的歉意。高野後來高升 Victor 的副社長，盆栽自然一個也沒送出。二百七十名被人視為「坐冷板凳」（日語稱「窓際族」）的員工，在他的堅持下，集體創造出了奇蹟。

一九九二年，六十九歲的高野死於癌症，靈車行經 VTR 事業部工廠前，全體員工列隊工廠外，目送這位對他們「一個也不放棄」的「老部長」、真男子漢的最後一程。

泡沫經濟時期的「傻子們」

依我看，「數位相機」這一名詞，對於後生晚輩而言，遲早也會和「彩色電視機」一樣，變得不知所云。理由很簡單：小朋友自有記憶以來，相機即是數位，電視機即是彩色，「數位」二字，自然成為一個冗贅的形容詞。

「數位相機」開始出現在中文媒體，是在民國八十年。當年五月廿九日的一則新聞：「柯達公司廿八日推出新的『高級無底片相機』，業已引起攝影記者的興趣，每台售價為二萬美元，拍下影像後予以數位化，然後自動送入重十磅的記憶盒……。」

如果這麼一則劃時代的新聞，不曾留在各位看官的腦海裡，也不必太洩氣。畢竟「二萬美金」的高價，絕非一般人所能奢想。一年之後，國內有公司引進了這台柯達相機，定價在五、六十萬台幣，光是「影像傳送設備」就高達二十萬，要印出相片來，還得透過一百萬台幣的「數位熱感式彩色照片機」。您說，如果數位相機持續這樣高不可攀，則至今仍僅停留在商業用途，知者寥寥，不也是極有可能的事情？

打破這個局面的，是一群在八〇年代、紙醉金迷的泡沫經濟時期，仍孜孜矻矻鑽研的日本工程師們。

一些長輩級的看官可能都清楚：日製商品與「優質」、「精美」等形容詞連接上關聯，還是一九七〇年代的事情。這裡，我要介紹一家日本電器製造商：CASIO。

CASIO的創辦人，樫尾忠雄（KASHIO KAZUO）在公司成立當初，原本大可用自己的姓氏KASHIO為公司取名字，他卻刻意取了一個諧音的「CASIO」。光從公司名稱來看，就已經擺脫了日本味。據說，由於形音與義大利常見的姓氏

「Cascio」類似，剛剛進入歐洲市場時，CASIO還被歐洲人誤以為是義大利企業。

CASIO原本是製造或加工機密電機零件，讓CASIO躍上世界舞台的，就是「14-A桌上型計算機」。您看了這計算機，可別誤會，以為日本人做東西就是這麼貼心，「計算機還附帶桌子」。事實上，這「桌子」裡面布滿了「繼電器」，也就是一個一個的開關，這已是突破當時技術水準的尖端產品。因為在此之前，「計算機」大多是美國貨，全都是電動式的。知道啥是電動式的嗎？您要是在台灣街頭見過賣「もち（麻糬）」的小販，就知道電動是個啥概念。電源一開啟，小販的推車上兩個人偶有規律地「霹靂啪啦」跳，在街頭倒也還好，關起門放在家裡，一天聽下來不發瘋才怪。所以，當台灣街頭出現「小蜜蜂」這類電子遊戲機時，媒體卻給它取了「電動玩具」這個名不符實的稱呼，實在讓知情者哭笑不得。

「14-A計算機」問世前的「電動計算機」，就是這樣「霹靂啪啦」作響，吵得半死不說，還計算得慢，這東西要繼續使用至今，中國的算盤恐怕到現在還是人手一個。

「14-A 桌上型計算機」推出於一九五七年，這讓 CASIO 風光了將近七、八年，連公司名稱也改為「CASIO 計算機株式会社」，沿用至今。

一九六四年，形勢有了轉變。SHARP 推出了「電晶體計算機」，這又比 CASIO 的帶桌子的「繼電器」計算機技高一籌，計算機一舉進入「電子」時代，三十多家日本大小製造商投入生產，CASIO 再也不獨領風騷。

但 CASIO 絕未閒著。當各家公司競爭結果，計算機價格由高不可攀的幾十萬日幣降到三萬日幣左右，眼看再無下降空間時，CASIO 於一九七二年推出了新型計算機，價格一舉降到一萬三千日幣不到。CASIO 這款名為「CASIO 迷你」的新產品，不僅價格實惠，身材也確實「迷你」，計算機之擺脫「商業機器」形象，成為個人案頭的文具之一，「CASIO 迷你」是重大的功臣。至此，計算機戰爭勝負已決，無利可圖的廠商紛紛退出，日本的計算機市場成了SHARP與CASIO兩家的天下。

商場如戰場，隨著時代的演進，CASIO下一個面臨的挑戰，就是後來讓日本企業得以繼續維持工業大國形象的重要商品：數位相機。

一九七八年，末高弘之加入CASIO，成為新進技術師的一員，時年廿二歲。但在此之前，末高即把「製器利用」視為人生第一等偉業，決定做一個技術上精益求精的人。早在十歲時，他就組裝了一台收音機，驚動了周遭的大人。他之進入CASIO這麼一個技術導向，又相對年輕的公司，可謂得其所哉，足以一展抱負。

末高進入公司未久，即被分派到「電子錶」部門。在這個部門裡，末高主要擔任「LSI（大型積體電路）」的設計工作。由於工作性質剛好符合了末高的脾胃，從早到晚，末高埋首實驗室中，不以為苦。其本人自謂：「連我都分不清自己是在工作、還是在遊戲」。

正因為抱著「樂在工作」的精神，末高對於尚在試作階段的製品，新奇想法不斷湧現。看官若是記憶猶新，CASIO 當年所推出的「計算機型手錶」，正是出於末高之手。這在學生與上班族間大受歡迎，成了熱銷商品。

「看著客人經過店家，拿起我所設計的『計算機型手錶』把玩、甚至買回去時，心裡的雀躍真是筆墨難以形容！」末高回憶當年情景，仍是歷歷在目。我想，任何一個從事製造業的人們，都會有著類似的喜悅。

末高不以此為滿足，眼光立刻放到另一項極具潛力的商品：「電子照相機」。

「電子照相機」發軔於一九八一年。當年，係由 SONY 首度推出了「以 CCD 紀錄靜態影像」的「電子照相機」試作機。這個實驗性的製品一推出，立刻引來了注目的眼光。照相機要裝膠捲、要沖洗顯像、還要擔心拍不好，「電子照相機」的誕生，一舉把照相技術推向另一個里程碑。「電子照相機」初露頭角，甚至讓膠卷製造廠商憂心忡忡，唯恐未來市場不保。

但時代潮流總是無法抵擋，甚至可說順我者昌、逆我者亡。不論是從便利消費者的觀點來看、或是攝影業界的需求來看，「電子照相機」都是眾人期盼下的商品。現在，既然已經開始，就絕無停滯不前的道理。

末高參加過幾次電子大廠聯合舉辦的「電子靜態影像照相機座談會」，從座談會中，末高已能感受到各家廠商對於電子照相機的未來毫無疑問：只要問世，必然熱銷，絕無不熱銷的道理。這是個千呼萬喚的「夢想商品」。

一九八四年，洛杉磯奧運會上「電子照相機」發揮了傳輸靜態畫像的能力，省去了顯像的過程，電子照相機遠比普通照相機來得更具機動性，是毫無疑問的。

末高等不及了。他直接找上CASIO開發部門的負責人，敲開了他的辦公室：

「求您讓我擔任電子照相機的開發！」

看官須知：當年的CASIO，公司職員平均年紀只有三十歲，是個相當年輕的公司，下情上達極為通暢，公司重要幹部也樂於傾聽下屬的意見。末高行為看似衝動，其實是深思熟慮甚久。對於CASIO而言，電子照相機是一個未知的領域，日語所謂的「ダメ元」，即「輸了大不了回到原點」，CASIO仍是一個電子業的小巨人，沒甚麼不能放手一試的。

一九八五年，CASIO研發部門的「K專案」正式啟動。「K」取自著德文「Kamera（照相機）」，廿九歲的末高榮任課長，並獲得了二億日圓的預算。CASIO對於年輕人破格提拔、用之不疑，足見其企業文化之開放。畢竟當年為CASIO在計算機領域上開疆闢土的，正是一群年輕人。年輕員工已經以實績證明了，他們不曾辜負CASIO的期待。

專案組中，有一名比末高年長一歲的成員，川上悅郎。川上自小就喜歡照相機，就職時選的也是一家老牌照相機公司。但因為公司倒閉，不得不到了

CASIO。如今CASIO開啟開發「電子照相機」計畫，這讓川上有了希望重燃之感。

就在末高帶領成員們努力鑽研的同時，「K專案」啟動的大約四個月後，美國為了扭轉貿易赤字，決定讓美金貶值，當年的十一月，日圓對美圓漲到了一比二百。這對於出口比例甚高的日本製造業而言，是極大的打擊。CASIO也不例外，當年受到美金猛跌的影響，CASIO的虧損即達二百億日圓。但與製造業相反的：日本銀行為了刺激景氣，不斷調降利率，使得熱錢到處竄出，股票、不動產大漲，金融業一片榮景。這就是大家熟知的日本「泡沫經濟時代」。

那是個投資甚麼都賺錢的年代。日本各家製造業為了彌補本業損失，也採取了「財務槓桿」，投資各類有價證券，從事副業。當「副業」比「本業」表現得更亮眼時，一些製造廠商甚至轉型成不腳踏實地製造的「投資公司」。

末高到理工學校參加徵才說明會時，也感受到就連理工科系學生也對製造業興趣缺缺，憧憬起高收入的金融業。長此以往，日本「技術立國」的精神，岌岌可危。

但CASIO仍然對金融投資敬而遠之，全公司把希望寄託在「K專案」上。一九八四年，洛杉磯奧運會上大出風頭的「電子照相機」，已由CANON推出上市，售價五百萬日幣，是個純粹業務用的機種。此時，只要有任何一家公司能推出個人用的「電子照相機」，則必然能在市場掀起一陣旋風。一九八六年十二月，CASIO亮出了王牌，召開記者會發布了消息：「明年六月推出個人用電子照相機，產品編號VS–101」。

VS–101作為第一款個人用電子照相機，定價設在十萬多日幣，這價格本身即足以震撼業界。但記者會上的展示機，卻讓會場CASIO的人員顏面盡失。直到新聞發布前一天，「K專案」成員仍在徹夜調整、除錯。這是個完成度相當低的機器，端到記者會上時，毫不意外地，VS–101硬是不聽使喚，動不了就是動不了。

這個讓 CASIO 顏面盡失的記者會，似乎也預告了這台機器未來的命運。一九八七年十一月，VS–101 總算上市，其他共七家競爭大廠為了不失時機，也一起推出自家的「電子照相機」產品。VS–101 定價在十二萬八千圓，價格最低，賣相理應最好。公司一口氣做出了兩萬台，預計銷售額該在二十五億日圓。但上市過後的兩個月，末高接到業績報告，不禁大失所望。業績報告顯示：哪怕歷經「年終獎金季」與「耶誕節」兩個傳統熱季，VS–101 的銷售量始終低迷不振。

VS–101 遇到了甚麼事？原來，就在 VS–101 推出的同時，SONY 推出了一款殺手級商品：個人用Ｖ８攝影機。大小與 VS–101 差不多，價格也相差不遠。VS–101 只能拍攝靜止畫面，Ｖ８攝影機攝製影片兼拍靜止畫面；VS–101 要接在電視機上顯像，Ｖ８攝影機接在電視上影音俱全。大敵當前，連 CASIO 的業務也知大勢已去，一句話：有了Ｖ８攝影機，一般消費者買你的「電子照相機」做甚麼用？

就這樣，CASIO 兩萬台「電子照相機」，留著一萬六千台庫存，無處消化。「K專案」解散，當時末高年僅卅三歲，卻早早淪為敗軍之將，被分發到「研究開發本部第一應用研究部室長」，頭銜很長，卻與他成日夢想的「把新奇想法商品化」無關，只是個閒職。當初一同奮鬥的「K專案」成員中，有四人也分配到此，包括川上悅郎。公司不再有其他安排。「K專案」時期，有個商品開發的大目標，但這個「研究開發本部第一應用研究部」，則是甚麼目標也沒有。沒人期待他們做甚麼，他們做甚麼也沒人關心。

投閒置散，無所事事兩個月後，有一天，川上悅郎突發奇想地對末高說：「只要我們這些人都在，就搞得起來！」

「搞得起來」？搞得起甚麼來？川上儘管沒說破，但末高心知肚明。這幾個員工雖然被公司冷凍，但還是有個共同的開發夢：開發出一件真的能造福人群的商品。哪怕一生就此一件也行。

相較於其他人而言，川上有其持續樂觀的理由。曾在照相機製造廠待過，遇到過公司倒閉，再壞的事情也經歷了，這次「K專案」無非就是時運不佳，但公司仍然健在，大家仍有揮灑的舞台。正所謂「留得青山在，不怕沒柴燒」。

VS-101 自從失敗以來，「照相機」三字在 CASIO 公司內成了「禁語」，製造照相機別說是實行，連提都不能提。就在此時，末高的直屬上司，「第一應用研究部長」松崗毅開口了：「你們若是真的還想研究電子照相機，那就試試看吧。」

有了上司和下屬的鼓勵，末高重燃起信心。「K專案」成員被公司冷凍起來，一群人有著不見天日的挫折感，但全員卻深信自己執著的「電子照相機」，絕非「不見天日」的產品。就這樣，自松崗毅以下，幾名技術人員再度奮起，開展了一個不為人知的反攻計畫。

有一點，必須說明在先：看官別瞧 VS-101 這麼大身軀，其實還只能是個「電子照相機」，不是「數位」的。當今「數位相機」成了理所當然的存在，大概沒人會注意到照相機進化成「數位相機」之前，曾經有過這麼一段非驢非馬的「電子照相機」時期。

所謂「電子照相機」，就是與V8類似，將影像用電磁方式記錄起來。這種記錄方式經過多次備份，必然會劣化。打個比方：「電子照相機」就像一個畫家，把看到的景物盡可能忠實地畫下，但如果你想複製，就只能請畫家再臨摹，多臨摹個幾次，自然就與原畫愈差愈遠；「數位照相機」則純粹記錄數據資料，你說某個方位有個面積一平方公分的小紅點，我就記錄下「某方位一平方公分小紅點」，都以數據記錄，再傳抄一百遍也不會走樣。

照相以電磁記錄的結果，除了會劣化，還會因為記錄媒體需要馬達、磁碟片，無法小型化。這樣的「電子照相機」，勢必與V8的尺寸不相上下。試問：當你的照相機產品售價與V8不相上下、尺寸不相上下，功能卻又只能照相，比起V8差了一大截，這樣的商品受消費者冷落，豈不是一點都不冤枉？

於是，「電子照相機」的數位化，成了非走不可的一條路。數位化的「電子照相機」，可以把照相數據資料儲存在內建的記憶體裡，達成小型化之外，畫質又無劣化之虞，「電子照相機」想要打開一條生路，這就是生路。

末高等人確立了發展方向，但不敢向公司要預算。數位相機做起來至少需要兩千個零件，預算卻只有「K專案」時的二十分之一。末高只好自己到外頭市場找便宜零件，一個一個用電銲接起來。就在此時，有一天，一名工程師找到了末高，說：「數位相機一定能打開市場，我們絕非被世界遺忘，我們遲早會席捲全世界！」

這是來自東芝的大川元一。同時，另一名其他公司的技術人員也找上了末高，道：「美國網際網路成長很快，把握時機開發數位相機，到時一定能有爆發性的突破！」這是來自日立的鮎澤巖。

為何這些來自不同公司的技術人員，會如此惺惺相惜，鼓舞打氣？原來，東芝與日立，也和 CASIO 一般，都曾是 V8 攝影機的手下敗將，做出的照相機賣不出去，打了敗仗的技術人員被公司冷落到一旁。這些人抱定決心，即便公司反對，憑自己的力量也一定要把「數位相機」做出，眾志成城，突破公司藩籬。

「個人用數位相機」儘管不能浮出檯面，但已悄悄成為 CASIO 公司內外關注的焦點。CASIO 公司裡，暗地支援末高的人不斷湧現。一個名叫尾家正洋的技術人員，原屬「K專案」成員、專案解散後被分發到電子筆記本開發部門，如今也自告奮勇地找上了末高：「我和我主管說了，我要跟你們一起研究數位相機。沒做出成績來，大不了我辭了 CASIO！」

另外，一名負責實裝設計的技師，大吉優人，也申請調到末高麾下。有了這些成員的加入，末高的小組士氣高漲。

末高開發相機所需要購買的零件，在報銷單上無法填寫「照相機開發用」，負責事務的村上雅美小姐也暗中協助，把報銷單上的名目改成「影像處理研究」。

村上雅美不單在事務處理上予以通融，有幾次路過末高空無一人的研究室，眼見試作的照相機大剌剌地放在桌上，深怕被公司高層見到，還特別拿個布蓋起來遮著，可謂細心周到。

就在公司基層員工傾全力支持之下，一九九一年，試作機有了個雛形。與當初設想的「小型化」目標差了十萬八千里。零件是七拼八湊而成，數位相機的尺寸不斷膨脹，成了一個重達三公斤的大「便當盒」，比起當年的傷心之作VS–101還要來得大。為了驅動它，另外還得接個更重的電池。更要命的是：電源一開就熱，照相機內直奔攝氏八十度，不關機不行。這是個身軀特臃腫、機體特沉重，一升溫就不停歇的照相機。

「小型化」不是全無辦法，用上「大型積體電路」即可。但沒錢的話，這就是痴人說夢。溫度問題，裝個電扇或可解決，但電扇得裝在哪？末高把腦筋動到了「觀景器」。把觀景器拆了，安個電扇。沒了觀景器的照相機，只好外接液晶顯示器來顯像。這樣，不靠「觀景器」，起碼還能確認標的物的顯像。

這個勉強拼湊出來的數位相機，被末高小組成員們拿到附近公園測試。透過液晶顯示器，被照的人立刻就能確認照相成果。這可是傳統相機所不曾有的樂趣。更重要的是：這個前所未有的「設計」，激發出了新想法。

原來，之前無論是「電子照相機」或「數位相機」，都得事後接上「電視機」才能確認影像。當下就能看到攝影成果的照相機，無疑是創舉。末高回家後和自己母親解釋了這個想法，母親腦海無論如何只能想得到「拍立得（Polaroid）」。可見，「立拍即得」的數位相機在當時是個多麼先端的概念。

末高振奮了！有液晶顯示的數位相機，是個新概念商品。只要再把照相機變小，這商品沒有賣不好的道理。照相機小型化，需要「大型積體電路」，「大型積體電路」的開發，需要兩千萬日圓。把這個想法訴諸公司高層，得到財務援助，就能水到渠成……。

但是，這世間沒有那麼便宜的事。當初，VS–101也是在末高信心滿滿，又眾人寄予厚望之下，開發出來的商品，最終卻遭到慘敗。現在再開口要錢，開發另一個「信心十足」的商品，拿甚麼說服人呢？

這時，始終協助末高開拓市場的「商品企劃部門」一名業務，名叫中山仁，幫末高想出了一個辦法：中山仁將出席商品審議會，討論新商品。屆時，中山會代為向老闆們提案，說明末高開發了一個新商品，不強調「照相機」，乾脆說是「備忘器」，能記錄聲音影像的備忘器。這大概就行得通了。

可惜的是，中山仁的巧心安排，沒逃過會議上老闆們的法眼。出自VS–101敗將末高的製品，不消說，仍是一個照相機，這不是換個名稱就能掩人耳目的。眾人反對的理由還有其他：當時，市面上的攝影機已經小型到與護照尺寸無異，富士通的「一次性」相機也出現了，畫質遠比數位相機好。數位相機已無勝算。再加上此時已是泡沫經濟破滅的一九九〇年代，各家公司力保不出現赤字已是竭盡所能，無餘力冒險涉足新的領域。

末高得到消息，知道「數位相機」夢畢竟是泡影，從此打消念頭，在公司從事「掃描儀」之類傳統商品的開發，一切回歸平淡。

但中山仁沒死心。他突然注意到 CASIO 一款賣得不好的「掌上型電視」，CV–1。這個電視有著一・四吋的顯示器，香菸盒大小，信號好時勉強能看節目，信號不好時則根本看不了。作為電視機，這是個毫無出彩之處的產品。

「讓這電視機能照相，總可以吧？」中山仁念頭一轉，一個新商品就此醞釀出來。CV–1 既然不好賣，照相機又不能賣，拿一個不能賣的，幫一個不好賣的，豈不順便？

中山話雖如此，但他畢竟是業務出身，深知「數位相機」遠比甚麼「能照相的電視機」有未來。所謂「能照相的電視機」，無非就是一個幌子，讓他在商品審議會上得以避談「照相機」這個禁語。中山最終還是想幫末高，不計手段，早日將數位相機推出市場。

一九九二年十二月，距離上次「備忘器」被否決已隔一年，CASIO再度召開年度商品審議會。中山帶著末高，一個被公司冷凍多時的工程師，親臨會場，說明他的「照相電視機」。

「我們這款小型電視機，有必要和其他公司區別，我建議附帶一個照相功能。」

中山戒慎恐懼地說出他的新商品，並強調「照相機」純粹只是「附帶」。會場推出了試作品，把試作品搬出來的，是另一個「K專案」時期的老戰友，倉橋成樹。倉橋自「K專案」解散以來，就從屬「可視電話」開發部門，聞知末高有意將照相機安在電視機上，他就二話不說，親自幫他把試作機完成。

中山小心翼翼地展示著這台「照相電視機」，邊說明邊操作，自始至終只說著這台「電視機」的長處，關於「照相機」的說明，則是一字未提。

在場主持會議的，是一九八八年即就任社長的樫尾和雄。樫尾頭腦很清楚：

末高與中山其實還是想做照相機，他再了解不過。

「挺有趣的。做做看嘛！」

這是一句兩人期待已久的天籟！樫尾繼續說：「當初電子照相機沒做好，不能只怪技術人員。最該負責的，還是我們這些高層。在現在不景氣的時候，我們最需要公司員工的幹勁。東西賣不好就算了，如何吸取失敗的經驗，作為下次成功的起點，這才是最重要的課題。」

有了社長這句話，CASIO 重啟「照相電視機」開發專案：「RS–20 專案」。專案領導者，末高，其他如川上、尾家、大吉等，共十一人。末高念茲在茲的「大型積體電路」開發，也有了預算。專案成員不再掩人耳目地做，而是抬頭挺胸地為公司接受下一個新挑戰。

就這樣，「大型積體電路」開發出來，鏡頭也儘量縮小，照相機再無之前發熱的問題，只是向老闆們說明商品時，仍以「電視機」為主，「照相機」為輔，就連展示製品也得把「液晶顯示器」朝前，「照相機鏡頭」朝後。但問題來了：當時，小型電視機定價不過三萬日幣，這台因為多帶了照相功能，定價到五萬。可是，要怎麼證明它真有這多出來的兩萬價值？

中山又動了腦筋。他列出了「照相電視機用途一百選」：用它來記住初見面對方的臉、用它來記錄班車時刻表、用它來記錄服裝設計搭配……九十個想到了，剩下十個想不出，只好找一些常人不會遇到的場面，作為用途來充數。就這樣，湊出了一百個，讓這款「照相電視機」看來確實具備了多出來的兩萬價值。

「說了半天，真正亮眼的是哪些？你不針對幾個重要的來說，誰知道電視機多個照相功能，有啥好處？」在與老闆們開會的場合，中山的「照相電視機用途一百選」，再度受到質疑。

打開僵局的，又是倉橋。根據末高的說法，倉橋就是他的電腦老師。當年個人電腦普及率尚不到一成，倉橋即一口認定「在電腦上看照片的時代已經來臨。

你們的照相機理當裝一個電腦接口。」

末高把倉橋的話聽進去了。照相機因此多出了電腦接口。一九九三年十二月，這台「照相電視機」總算完成。但同時的小型電視機已經陷入了價格大戰，以「電視機」賣出，五萬的高價無異送死。

末高與中山在重要幹部會議中聯袂陳情，希望公司正式以「照相機」為訴求，決一死戰。

社長樫尾問道：「和攝影機以及一次性照相機相比，你們勝算如何？」

末高答道：「我們的照相機能接電腦。光這一點就有足夠的勝算！」

會議室一片沉寂。未久，樫尾開口了：「好吧，電視機功能拿掉！」

就這樣，編號QV–10、正式名稱為「數位相機」的商品問世了。業務們將商品拿去各大電器行詢問上架可能，反應卻相當冷淡：「這畫質哪能稱作照相機？」「這價錢比一次性相機還貴」「除了電腦宅男，誰會感興趣？」

結果，表明願意販賣QV–10的電器行，僅僅一家。

一九九四年十一月十四日，為QV–10舉行的記者招待會，同樣冷清。沒有公司高層的會場演說，沒有試作機的展示，沒有業務支援，沒有行銷預算，甚至連廣告也從缺。A4大小的宣傳單發給在場記者就算了事。只是，末高卻對這台機器充滿信心。他把賭注押在兩個月後，美國拉斯維加斯舉辦的「消費電子產品展」。

一九九五年一月六日，他帶著部屬尾家飛往拉斯維加斯，在「消費電子產品展」，堂堂CASIO公司只占了一張小桌子。但對末高而言，這已足夠。他和尾家兩人，英語都不靈光，只能出奇制勝。兩人把一台個人電腦放在桌上，對著經過的買家，任意拍下照片。按下快門的當下，經過的人難免不自在，但當他們看到照相機的液晶螢幕上同時出現了自己的臉孔時，無不露出驚喜的表情。

人群圍著末高的攤位，愈來愈多，最後，當大家看到末高把照相機接上電腦，照片出現在電腦畫面上時，眾人響起了熱烈的掌聲：「Great!」

「這要賣多少錢？」

「有多少台可以賣給我們？」

詢問一個接著一個。美國是個人電腦大國，當時的美國已經達到每兩人就有一台電腦的普及率。這個與電腦巧妙結合的數位相機自然吸引了美國消費者的眼光。訪問、專欄，接踵而來，就連美國三大電視網也不約而同地報導QV–10，視其為「革命性的產品」。

一九九五年三月十日，QV–10在日本首賣，得到了空前的成功，在各家電器行幾乎開門營業的同時就被搶購一空。同年，Windows 95上市，促成個人電腦的爆發性成長，也進一步刺激了QV–10的業績。當初只計畫生產五百台的QV–10，生產線全開，一年即多生產了四百倍，達到二十萬台。QV–10成了一九九五年度最受矚目的商品。

關於QV–10，日本微軟公司的董事長古川享這麼說過：「以往，如printer這類的周邊機器，都是因為有了電腦，這才讓人想買；當我看到QV–10時，我卻有另一種感覺：這是第一次有了周邊機器，才有了電腦。」

一九九六年一月，CASIO將「社長獎」頒給了末高等人，讚許他們不屈不撓的努力，最終開花結果。把數位相機真正普及到一般消費者手上，QV–10的誕生，功不可沒。那年，我日本留學完畢，整裝回國，與台灣老同學們興奮地說著日本正在發生的「偉大影像革命」，聽者漫應之，不知我的興奮由何而來。對於習慣膠卷相機的人們而言，這是個超前甚遠的產品，只有對時代脈動有著敏銳嗅覺、又有著使命感的人，才能引領我們突破現有窠臼，翻開時代的新頁。

在泡沫經濟時期，末高等人不曾忘卻初衷、迷失方向，正是他們的堅持，翻開了時代的新頁。我們如今人手一台物美價廉的數位相機，就是來自他們始終如一的執著。

新文化的新商機

當今工業社會，凡屬衣食住行這類人類生活需求，大多都已滿足，按理說，物欲應不似以往那般強烈，但商人自然不可能坐以待斃，沒需求，他們也得製造出需求來。比方說，情人節禮送巧克力，盡人皆知這是商人的噱頭，但現在不送還不行，弄得不好，情人成怨偶，風險誰也擔當不起。

像這類「沒需求變成有需求」，憑空製造需求的過程，日本商人稱其為「文化を作り出す」，把「文化」給創造出來，需求自然就出來。這類手法我們不是不會，如八〇年代以後流行的「中秋節烤肉」，如今成了全台盛舉，不就是我們的商人所成功製造的「文化」？但要是與日本相比，細數日本人在過去半世紀所創造出來的文化，您就不得不說這是猗歟盛哉、嘆為觀止。

這裡，我單指一家公司：「日本東陶」，看官皆知這是個做衛生陶器的公司，但衛生陶器需求再大，人只有一個屁股，不可能天天購置馬桶。只賣馬桶，遲早坐吃山空。這怎麼辦？東陶發明了一個蓮蓬頭，專門裝置在居家的洗面檯。您知道這有甚麼作用？原來，東陶早就做好了行銷宣傳，倡導「早晨出門前洗頭」是一種時髦。但單單洗個頭，在浴室洗費事，索性在洗面檯洗，這種蓮蓬頭就是為了這樣的需求而設計，且洗面檯做得夠大，讓您洗頭時不致於水花四濺。您說，這種設計是不是直搗愛美女孩的心窩？以下純屬我一家之言：我猜，日本早晨通勤電車裡，OL們個個髮香四溢，多少刺激了癡漢橫行。

無論如何，以「創造文化」而言，日本東陶創造了早上洗髮的文化，打了漂亮的一仗。

閒話休說。再提一件東陶的豐功偉業。話說，與東方人不同，西方人自羅馬時代就習慣石板做成的馬桶，人們坐在馬桶上「出恭」，春夏秋冬皆如此，這習慣已經有上千年。東方人則一直以來都是蹲式馬桶，日本人甚至把「蹲式馬桶」稱為「和式」，上升到了國粹的高度。

日本開始大舉引進西方的坐式馬桶，是一九七〇年大阪「萬國博覽會」之後的事情。在那之前，日本人是擁抱國粹的，蹲式馬桶居多。坐式馬桶不是沒有，而是不普及，且不普及的原因當中，「寒天凍地冰屁股」占了不小的成分，這是蹲式馬桶不曾遇過的問題。

對於早已習慣坐式馬桶的西方人而言，或對於我們這種亞熱帶地區的人們而言，這是個匪夷所思的需求，但日本人認為這是個需求，有需求便有供給，於是，全球第一個「電氣暖座」馬桶，就是一九六〇年代日本東陶開發出來的。

這本來是個技術門檻不高的發明，卻如「核子分裂」般，激發了一連串新產品的誕生。原來，在那之前，馬桶這種溷廁之內的東西，本來與電氣製品扯不上關係，但東陶電氣暖座的發明，形同率先把電氣與馬桶「混搭」。從此以後，插上了電的馬桶，在日本人的手中，逐漸升級。電氣能讓屁股加溫，何妨也讓屁股洗淨？能讓屁股洗淨，何妨也讓屁股烘乾？能讓屁股烘乾，何妨再讓屁股無臭……就這樣，日本馬桶有了電氣，就形同馬長了翅膀，天馬行空，自此一發不可收拾，成就了日本「免治馬桶」的霸業。

中國人愛說「日本亡我之心不死」，我無意探究這話真假，但在我理解了日本人發明「免治馬桶」的過程之後，才真心體會甚麼叫做「日本亡我鈔票之心不死」。一九六九年，東陶推出了第一個「免治馬桶」。在那之前，早有別的廠家推出過「免治馬桶」，有自動洗屁股的功能，但是係與馬桶一體成形，要洗屁股就得整個馬桶都買去，且故障率高，並未普及。東陶是第一個做出坐墊式的免治馬桶。只是當時遇到技術瓶頸，水溫不固定之外，連噴的方向也不固定，甚至驚動大作家遠藤周作下了這麼個評語：「水溫極燙，用一次即放棄」。

遠藤周作放棄了，但廠商東陶可沒放棄。當年遇到石油危機，光賣馬桶的話，公司將無以生存，東陶傾全力開發這個產品，多少也賭上了公司的命運。當年，由於手邊沒有現成資料，也無人做過研究，無法確知人們一屁股坐在馬桶上時，肛門的平均位置何在。東陶動員了自家公司員工共計三百人，收集了完整的屁股資料，決定出「噴頭角度四十度，水溫三十八度」的黃金定律，就這樣，除非屁股長在臉上，否則東陶經過苦心研究所開發出的免治馬桶座，將適用所有人。

下一個問題，則是「該如何做宣傳」。宣傳的第一步就是命名。用過索尼「隨身聽」的看官，大概都知道這段歷史：索尼為「隨身聽」這個新產品，取了一個似通非通的英文名字：Walkman（走路人）。這個日式英文造詞，絕非正統英美人想得出來，卻達到了唐突滑稽的宣傳效果，大大刺激了消費。東陶的「免治馬桶」也是採取了這個怪招，把「Let's wash」調個頭，成了「Wash let's」，這就變成了這個產品的正式商品名（Washlet ウォシュレット）。

名字夠奇葩了，接下來就是如何打廣告。那年頭，「馬桶」被視為難以啟齒的商品，沒人想過在全家大小看電視時，大大宣傳馬桶的妙用。東陶反其道而行，請了剛出道未久的女星戶川純出演電視廣告，且刻意選在晚上七點萬家燈火、圍桌吃飯的時刻，全國首播。廣告播出當時，先是抗議如潮，謂廣告「難登大雅」；等過了一陣子，抗議聲漸漸沒了，取而代之的，居然是好評如潮，謂廣告「題材新穎」，刺激了消費，從此開啟了免治馬桶的新時代。女星戶川純居然也靠此成了家喻戶曉的明星。正所謂「魚幫水，水幫魚」，女星幫馬桶，馬桶幫女星。

這個廣告的製作過程也值得一提。東陶找上的，正是日本索尼隨身聽的廣告創意大師，仲畑貴志。這麼一個饒富想像力的行銷高手，見到東陶的免治馬桶，據說居然是雙手一攤，直說「洗屁股的產品？我不知道該怎麼宣傳！」東陶幾個工程師不死心，特別拿了個顏料來示範，要仲畑貴志換個腦袋思考：「你瞧，這顏料塗在手上，光是拿張紙，擦不乾淨吧？同理，屁股光用紙，擦得乾淨嗎？」

仲畑貴志大受啟發，認為自己在這套產品的宣傳創意上，無法超越這幾個工程師，於是建議在電視廣告中，讓戶川純直接把這句話作為台詞，照說一遍。就這樣，戶川純一句「光靠紙，是擦不乾淨的。……屁屁希望您洗乾淨喔」，成了當年撼動人心的電視宣傳詞。

如此，日本的免治馬桶，由發想，到發明，到發揚光大，成就了日本的廁所文化。日本企業努力促生新文化，醞釀了新商品，驗證了我的那句話：「日本亡我鈔票之心不死」呀！

吉原春暖肥水多——當年的「出差」

我一個朋友，在台灣是個公司的經營者，由於公司經營得法，最近被日本某集團企業相中，併購進去，如今成了該集團在台灣分公司的負責人。

併購後，朋友第一次造訪東京總部，自我解嘲為「參勤交代」，我見之，忍俊不禁。

「參勤交代」，是日本江戶時期（明末到清朝）的一個制度，簡單地說，就是各地諸侯要定時到幕府將軍所在地江戶（東京），向幕府將軍表忠。

以當年的交通狀況而言，來一趟自然不容易。我就舉個例子，現在從關西一帶到東京，坐新幹線是兩小時多一點；當年可要二十二天，幾乎一個月都在走路。足見這種制度，英雄好漢都要走成衣衫襤褸。

但來江戶一趟，不白來。江戶當年人文薈萃，花團錦簇，足以眩人耳目。最值得一提的，就是「吉原」風化區。當時有句話：「遊女三千」，吉原一帶，就聚集了三千名妓女，成了各地諸侯尋歡作樂的好所在。

吉原在哪呢？就在與東京上野公園相隔不到三公里處，現在稱作「千束四丁目」。那裡至今還有眾多的日本小姐「陪浴」店。奇怪的是，之前總聽人說「東京只要說得出地名，少有電車到不了的」，偏偏這個吉原就成了三不管地帶，甚麼公共交通工具都到不了。最近的「鶯谷」站出來還得走兩公里，您要是真的「因公」到那一帶，出了電車站除了坐計程車，別無方法。事先想好個說詞，上了車，和司機交代個正經點的地名，省得尷尬。當然，這僅僅是心理作用，朝吉原方向走，大多非嫖即娼，大家都心照不宣，很難脫離干係。

據說，當年儘管各地諸侯甚麼錢都缺，唯獨不缺到吉原玩的交際費。看到這一點，想想一些日本公司在交際費上的大方，幾乎就是這種傳統文化一脈相承，不覺莞爾。

再窮的諸侯，都想在吉原出手闊綽，就算不玩，也得逛它一逛，過過乾癮。諸侯如此，庶民也不例外，玩不起，逛得起。

這刺激了一種公共設施在吉原普及：廁所。早年公共廁所的設置，不一定是出於衛生的需要，主要還是水肥業者看準了這裡有肥水可撈，尤其諸侯吃得比平民百姓好，「產出」營養成分高，作物長得好，諸侯拉出來的，對於業者而言，自然就是多多益善。另一個考量，還是為了清潔。吉原每天有太多人進出，要是人人都在路邊放野屎，畢竟影響吉原整體營業，所以，公共廁所不得不設。

江戶時代的吉原，除了路邊有公廁，妓院內部也有。除了大小便方便，妓女完事了，就跑到廁所簡單洗淨。基於這個理由，妓院也得安置廁所。但這廁所多半安置在一樓，二樓沒有。二層樓的妓院可是高級妓院，但不見得有二樓廁所。真的有，那就是高級中的高級了。去得起的，自然是有錢人。

當時的人，據說要拐彎抹角炫富，不提自家多有錢，單提自己「到吉原二樓撒過尿了」，這炫富的意思就到了。

所以，整理一下炫富的順位，可以是如下：「到吉原二樓撒過尿」的，富過「到吉原一樓撒過尿」的；「到吉原一樓撒過尿」的，又富過「到吉原公廁撒過尿」的。

話再回到我那要到東京「參勤交代」的台灣朋友身上。以我對他為人的知悉，他必然不會去吉原，但路過撒尿還是會的。

國家圖書館出版品預行編目（CIP）資料

一邊當夥計，一邊當老闆：老侯的日本電商創業物語與職場雜談／老侯著．／初版．／臺北市：遠流，2017.08
272 面；13×19 公分 .(綠蠹魚；YLP12)
ISBN 978-957-32-8039-2(平裝)
1. 創業 2. 職場 3. 日本
494.1 106010970

綠蠹魚 YLP12

一邊當夥計，一邊當老闆
老侯的日本電商創業物語與職場雜談

作　　者　老　侯
執行編輯　莊月君
封面設計　萬勝安
插畫繪製　Zora Chou
內頁設計　費得貞
副總編輯　鄭雪如

—

發 行 人　王榮文
出版發行　遠流出版事業股份有限公司
100 臺北市南昌路二段 81 號 6 樓
電話　（02）2392-6899
傳真　（02）2392-6658
郵撥　0189456-1
著作權顧問　蕭雄淋律師

—

2017 年 8 月 1 日 初版一刷
售價新台幣 340 元（如有缺頁或破損，請寄回更換）

ISBN 978-957-32-8039-2
ylib 遠流博識網 www.ylib.com E-mail: ylib@ylib.com
遠流粉絲團 www.facebook.com/ylibfans